맛과 멋, 낭만의 프랑스

미식과 예술, 역사와 자연을 만나는
프랑스 문화 기행

일러두기

1) 본문의 용어는 국립국어원 외래어표기법에 따랐으나 일부는 관용적 표기를 따랐습니다.

2) 책에서 언급한 작품은 국내에 소개된 제목을 따랐습니다.

3) 본문에 장소별 정보를 실었습니다. 다만 운영시간 등 변동 가능성이 있는 정보의 경우 반드시 직접 확인하기를 권합니다.

맛과 멋, 낭만의 프랑스

미식과 예술, 역사와 자연을 만나는
프랑스 문화 기행

Romantique

France

자연 지음

포르*세

내 삶의 도화지에 그리는 프랑스

처음 프랑스 땅을 밟은 것은 6년 전 여름이었다. 유난히 뜨거웠고, 햇살은 강렬했으며, 눈이 부셨다. 그래서인지 입안 가득 진한 열감이 느껴지는 레드와인을 마실 때면 처음 프랑스에 온 날이 떠오른다.

공항을 빠져나오는 길은 구름 위를 걷는 것처럼 몽롱했고, 시끌벅 적하지만 텅 비어 있는 것 같기도 했다. 눈을 감았다 뜰 때마다 내 마음의 전등 빛도 함께 꺼졌다가 켜지기를 반복했다.

비행기 안에서 와인을 너무 많이 마셨던 걸까. 아이 같은 설렘으로 만 가득 찼었는데, 덩그러니 홀로 파리에 떨어지고 나니 머릿속이 복 잡했다. 그래도 낭만의 도시 첫날은 정말이지 황홀했다. 춤추는 불빛 아래 센 강을 바라보며, 반쯤 귀를 스쳐 나가는 불어 틈새에서 모나코 *La bière de Monaco*를 마셨다. 모나코는 20세기 초부터 마시기 시작한, 맥주

＊

에 레모네이드와 석류 시럽을 섞은 칵테일이다. 빨간빛의 음료 위에
올라간 하얀 거품이 꼭 모나코 국기를 닮았다 해서 붙여진 이름이다.
여름에는 다들 테라스에 앉아 이것을 마신다. 반쯤 감긴 눈으로 옆 테
이블을 둘러보니 뿌연 담배 연기 사이로 모나코가 반쯤 담긴 잔들이
보였다.

　달이 스치는 에펠탑 아래를 바라보니 발밑에 낭만이라는 행복을 남
기고 있는 연인들이 보였다. 파리를 부르고 찾던 신비의 밤들을 지나
정말 이곳에 왔다. 추악하다는 조롱을 딛고 일어나 우아함과 기쁨을
나누어 주는 에펠탑처럼 달콤한 행복을 나누어 주는 사람이 되어야겠
다고 다짐하며 잠자리에 들었던 날을 아직도 기억한다. 며칠은 아무
생각 없이 쉬었다. 잠이 쏟아졌다. 자고, 또 잤다. 이 아름다운 도시에
서 처음 택한 일이 잠이라니 어이없지만, 그동안 쉼이 부족했었나 보
다. 그래도 행복했다. 창문을 열면 에펠탑이 반겼고, 비에 젖어 시큼
털털한 냄새를 풍겨도 매혹적이었다.

　빵의 나라 프랑스에서 지금은 제빵사^{불랑제 Boulangère}, 제과사^{파티시에르}
^{Pâtissière}라는 이름을 달았다. 빵을 굽고 케이크를 만들며, 노란 머리, 파
란 눈을 가진 이들과 함께 호흡한다. 가끔은 애벌레가 나비가 되기까

지의 끝없이 수고하는 여정 속 현실의 무게에 짓눌리기도 한다. 하지만 내가 잘하고 좋아하는 일을 하는 지금, 처음 프랑스 땅을 밟았을 때의 감정을 되살려 보기로 했다. 그때도 지금도 자주 가는 곳들을 엄선해 인스타그래머블한 여행을 글로 꺼내 풀어 본다.

넘치는 정보 속 생생하고 매력적인 엑기스만 모았다. 프랑스 여행이 처음인 이들부터 N 번째 여행인 이들까지 나만의 특별한 여행이 되기를 기대하는 모든 이들에게 마법 같은 날을 선물하고 싶다.

밀가루, 물, 소금, 르방, 만드는 사람, 적절한 발효, 굽는 온도까지 모든 박자가 완벽해야 빵 한 조각이 완성된다. 갓 구워 나온 바게트를 빠작빠작 맛있는 소리를 내며 한입 베어 물면 저절로 웃음이 나오는 것처럼, 이 책을 넘길 때마다 다양한 재료를 하나씩 찾아내 다채로운 상상력을 더하여 폭신하고 달콤 짭조름한 여러분들만의 빵이, 여러분들만의 환상적인 여행이 완성되기를 바란다.

함께 365일 24시간 고소한 버터 향기가 솔솔 나는 진짜 프랑스 여행을 시작해 보자.

Part 1

드디어 파리, 너와 나 우리 모두
파리지엔느

파리지엔느의 하루

france

알람이 울리기 전에 반짝 눈이 떠졌다. 활짝 열린 문틈 사이로 햇살이 쏟아지고, 상쾌하고 달콤한 공기가 볼을 간지럽히는 기분 좋은 아침이다. 모처럼 푹 잔 기분에 한 2초 동안은 지각인 줄 알고 머리가 쭈뼛 손발에 땀이 났다. 안도의 한숨과 함께 다시 침대에 몸을 뉘였다가 씨익 웃음이 지어졌다. 몸을 따뜻하게 데울 커피를 내리며, 오늘 방향을 파리의 시작점인 시테섬 *Île de la Cité* 으로 잡는다.

프랑스 사람들은 아침에 침대에서 일어나자마자 달콤한 식사를 해야 설탕 성분이 잠자고 있는 세포들을 똑똑 노크해 깨운다고 말한다. 빵 오 쇼콜라*Pain au chocolat*를 오물오물 씹으며 이 이야기를 생각하면, 정말 혈관을 타고 몸속 세포의 모든 방에 띵! 불이 켜지는 것 같다. 이야기를 찾아 되감기해 보면, 18세기부터 귀족과 부르주아들 사이에서 커피, 초콜릿, 코코아 등이 유행함으로 인해 설탕 소비가 폭발적으로 늘어나면서 달콤한 아침이 시작되었다.

데쥬네*Déjeuner*는 '단식을 깨다'라는 의미의 라틴어 디쎄주네*Disjejunare*에서 유래했는데, 이것이 아침 겸 점심이었다. 19세기 이전에는 하루에 두 끼, 아침에 데쥬네를 먹고 오후 5시가 되어서야 디네*Dîner* 저녁을 먹을 수 있었다. 산업 혁명 이후, 장시간의 육체 노동을 견디기 위해 오후에 한 끼가 추가되면서 쁘띠데쥬네*Petit-déjeuner*가 아침 식사, 데쥬네*Déjeuner*가 점심 식사, 디네*Dîner*가 저녁 식사를 의미하게 되었다.[1] 지금은 어느 곳에서도 현지인과 관광객을 위한 아침 식사 메뉴를 찾아볼 수 있다.

파리에서 가장 화려한 아침 식사를 원한다면, 리옹역에 위치한 르 트랑 블루*Le train bleu*[2]를 추천한다. 1900년 만국 박람회를 위해 그랑 팔레*Grand Palais*, 쁘띠 팔레*Petit Palais*, 알렉산드르 3세 다리와 동시에 건축된 곳으로 네오바로크 양식과 벨 에포크*를 느낄 수 있다.

최초의 이름은 역 뷔페*Buffet de la gare*였지만 1868년에 개통된 전설적

---

* 19세기 말부터 1914년 1차 세계대전 발발 전까지 프랑스가 사회, 경제, 기술, 정치적 발전으로 번성했던 시대.

인 파리와 남프랑스를 잇는 노선에 경의를 표하며 르 트랭 블루로 이름을 변경하였다.

나는 파리에 손님이 오면 꼭 이곳에서 하루의 시작을 연다. 그 누구라도 역사 내에 반짝이는 보물이 숨겨져 있다고는 상상도 못할 것이다. 평범한 기차역의 입구를 지나 무심한 철제 계단을 오르면, 빙글빙글 최면에 걸린 것처럼 햇빛이 환상 속으로 빠져든다. 복작이는 기차역 시공간을 뛰어넘은 다른 세계로의 이동이다. 영화처럼, 빛에 눈이 먼 것처럼 잠시 기다리다 보면 눈의 조리개가 광량에 익숙해질 때쯤, 말쑥한 차림의 서버가 잔잔한 미소와 함께 다가와 자리를 안내한다.

꼭 아침에 이곳을 찾아야만 하는 이유는 바로 여유로움 때문이다. 어디를 가도 사람이 붐비는 요즈음, 아무리 꽁꽁 숨겨 둔 곳이라도 구글이나 SNS로 정보가 넘쳐 온전히 나만의 공간을 찾기란 여간 어려운 일이 아니다. 그럴 때 한 가지 방법은 시간의 허점을 이용하는 일이다. 쨱쨱거리는 부지런한 아기 새로 변신해서 말이다.

아침 메뉴를 주문하면 따뜻한 커피와 갓 짜낸 압착 오렌지 주스, 버터 향 듬뿍 풍기는 비에누아즈리**, 바게트와 곡물 식빵, 곁들여 먹을 수 있는 꿀과 잼, 포슬포슬한 오믈렛과 계절 과일 샐러드 그리고 요거트까지 한 상차림이 제공된다. 아침으로는 거창한 가격과 메뉴인가 싶다가도 차림새의 분위기, 공간이 주는 매력을 생각하면 그새 고개가

** Viennoiserie, 설탕, 우유, 지방, 계란을 풍부하게 첨가한 반죽으로 만든 제품(브리오슈, 크루아상 등).

끄덕여진다. 거품 같은 쾌락의 향긋함을 느끼며 천장을 찬찬히 바라보면, 캔버스들이 파노라마처럼 춤을 추며 다가온다.

예술에 아무리 까막눈이더라도 마음에서 마음으로 전위되는 감각은 사람의 감정을 홀린다. 작가들의 디테일을 알아본다면 더할 나위 없이 좋겠지만, 그렇지 못하더라도 아름다움을 받아들일 여유만 준비되어 있다면 충분하다. 덜컹이는 파란 기차를 타고 꿈의 여정을 떠나는 것만 같은 리옹역에서 잠시 쉬어 가며, 움직이지 않는 아름다운 천장 아래 파리, 리옹, 마르세유를 찾아보는 것이 진정한 묘미다.

르 트랑 블루(Le train bleu)

Place Louis Armand Gare de Lyon,
75012 Paris France
영업시간 | 매일 7:30~22:30

법원(Palais de justice de Paris)

08 Bd du Palais, 75001 Paris

시테섬[3]은 508년 프랑크 왕국의 왕인 클로비스가 메로빙거 왕조 시대에 이곳을 수도로 삼으면서 현대 파리의 기원이 되었다. 나는 늘 시테섬에 발을 들이는 순간, 파리의 심장이 뛰고 있다는 것을 느낀다. 시테섬과 생루이섬 *Île Saint-Louis* 을 보고 있으면 쌍둥이 같은 모양새가 꼭 두 눈 같기도, 안경 같기도 하다.

메트로 4호선 시테역을 나오면 최고재판소 *Palais de Justice* 가 보인다. '정의의 궁전'이라는 뜻인데, 현재는 법원이지만 10세기에서 14세기

까지는 프랑스 왕들의 거주지인 시테궁이었다. 그것을 증명이라도 하
듯 바로 옆을 바라보면 스테인드글라스로 잘 알려진, 왕실 예배당이었
던 생트 샤펠 *Sainte Chapelle*이 우두커니 지키고 있다. 루이 9세가 예수님
의 가시면류관 조각과 여러 유물을 보관하기 위해 지은 것이다. 가시
면류관 조각은 현재 노트르담 성당에 보관되어 있으며, 매월 첫째 주
금요일 3시 미사에서 만날 수 있다.

생트 샤펠(Sainte-chapelle)

10 Bd du Palais, 75001 Paris
운영시간 | 4~9월 9:00~19:00
| 10~3월 9:00~17:00

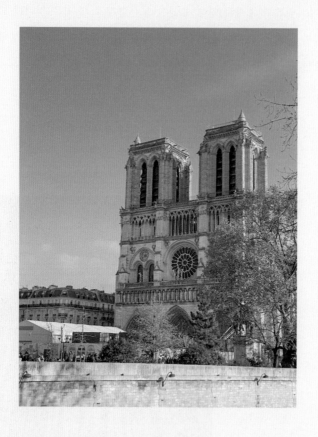

노트르담 대성당(Cathédrale Notre-Dame de Paris)

6 Parvis Notre-Dame - Pl. Jean-Paul II, 75004 Paris

파리의 상징적인 건물인 노트르담 대성당Cathédrale Notre-Dame de Paris 4)은 당시 주교였던 모리스 드 쉴리 주교의 계획 아래 1163년부터 시작되어 약 2세기에 걸쳐 완성되었다. 1804년 나폴레옹의 대관식부터 프랑스 공화국의 역대 대통령들의 장례식까지 치르는 등 프랑스 역사와 밀접한 관련이 있다. 빅토르 위고의 소설 《노트르담 드 파리》가 흥행하면서 매년 약 1,400만 명의 관광객이 방문하기도 한다. 성당 앞의 포엥 제로 데 후트 드 프랑스Point zéro des routes de France는 수도 파리를 떠나는 도로의 0km 지점이라 늘 관광객들이 북적인다. 성당은 2025년에 화재 복원이 완료된다고 하니 꼭 다시 멋진 모습을 볼 수 있기를 바란다.

오싹한 괴담 한 가지를 곁들이자면, 13세기 이 거대한 대성당에 유망한 젊은 철공 대장장이 비스코넷은 왼쪽 문 철 세공 담당을 하게 된다. 대규모 작업이라는 막중한 임무에 스트레스가 극심했던 그는 어느 날 밤 마음처럼 세공이 되지 않자 "아오 악마야(Au Diable)!"라고 커다랗게 외친다. 그 순간 악마가 나타나 영혼을 팔면 엄청난 문을 대신 만들어 주겠다는 제안을 한다. 꿈인가 생신가 구별할 수 없었던 그는 덜컥 그 계약을 하게 되고, 아침에 눈을 뜨자 기적처럼 아름다운 철문이 완성돼 있었다. 정교하고 우아한 아라베스크 문양, 섬세한 장식, 정밀한 용접 솜씨, 완벽한 동물 조각까지 넋을 잃을 만큼 걸작이었다. 성당 완공식 당일 이상하게 그 문만은 열리지 않았고, 성수를 부어 구마 의식을 치른 이후에야 굳건했던 문이 열렸다. 철공은 그 이후 얼마 가지 않아 세상을 떠나게 됐다. 계속되는 복원에도 광장으로 이어지는 왼쪽 문만은 아직도 13세기 그 자태를 유지하고 있으니, 악마의 재능을 한번 들여다보는 것도 놀라움의 연속일 것이다.

시테궁은 1364년에서 1380년 사이 요새였던 루브르를 궁전으로 변경하는 공사가 시작되며, 왕실의 별궁으로 남았다가 최고재판소의 역할을 하게 된다. 1793년부터 1795년까지 의회 감옥 콩시에르주리 *Conciergerie*에서 머물던 마리 앙투아네트, 당통, 로베스피에르, 심지어 혁명 법정의 검사였던 푸키에 탱빌을 포함하여 약 2,700명이 이 고등 법원에서 사형 선고를 받았다고 한다.

다리를 건너 생루이섬으로 발걸음을 옮긴다. 878년 샤를 왕이 파리의 주교에게 하사한 땅이라 한때는 일 노트르담 *Ile Notre-Dame*이라고 불리다가 1725년부터 루이 9세의 별명인 생 루이를 따와 그 이름을 갖게 되었다. 1269년에는 사람들이 이곳에서 기도를 하고 8차 십자군 전쟁에 참여하러 떠나기도 했다.

이 섬에는 상당수의 고급 주택들이 즐비해 있는데, 웅장한 문을 넘어서면 다른 세계가 펼쳐진다. 1600년대부터 부르주아들이 모여들기 시작하여 궁전의 섬 *l'île des palais*이라는 수식어가 붙었다. 파리에서 가장 비싼 주택이 바로 이곳에 있는데, 1640년에 지어진 람베르 호텔 *Hotêl Lambert*이다.5) 2022년 통신회사 프리 모빌의 사장인 자비에 니엘에게 2억 유로 이상, 약 3천억 원 가까이에 거래되었다고 한다. 베르사유 궁전의 건축가 루이 르 보에 의해 탄생되고, 샤를 르 브룅이 실내 장식한 헤라클레스 갤러리 *Galerie d'Hercule*가 베르사유 궁전 거울의 방의 전신이 되었다. 18세기 초 장 자크 루소, 볼테르, 몽테스키외의 작품과 함께한

콩시에르주리(Conciergerie)

2 Bd du Palais, 75001 Paris
운영시간 | 매일 9:30-18:00

문학 살롱도 열렸던 곳이니 그 역사를 돈으로 환산할 수 없겠지만, 정말이지 어마어마하다. 더욱이 이곳은 개인적인 용도가 아닌 문화적으로 활용할 계획이라고 한다. 어떤 모습으로 변모할지 관심을 가지고 지켜보아야겠다.

뚜흐비용 제과점
(Pâtisserie Tourbillon Saint Louis)

90 Rue Saint-Louis en l'Île, 75004 Paris
영업시간 | 화 14:00~19:30
       | 목-일 10:00~19:30

2022년 4월에 개장한 뚜흐비용Tourbillion 6)은 2011년 프랑스 최고의 장인MOF, Meilleur Ouvrier de France 으로 선정된 얀 브리가 수장이다. 메이유 우브리에 드 프랑스Meilleur Ouvrier de France는 줄여서 모프MOF라고 불리는데, 국가 공인 최고 장인, 즉 명장을 뜻한다. 1925년부터 개최되었으며 230개의 직업을 선정하고, 프랑스 대통령이 참석하여 엘리제 궁전에서 메달을 수여한다. 4년마다 열리지만 절대평가로 MOF를 선정하기에 어떤 때에는 1명도 뽑히지 못하는 분야도 있다.

빵과 과자를 만드는 기술은 고대 BC 7000년경 밀 재배가 시작되면서부터다.7) 따뜻하게 구울 수 있는 오븐을 중세 수도원과 귀족, 왕실이 독점하며 거둬들인 재료별꿀. 버터 등를 바탕으로 기술이 발달했다. 13세기부터 과자를 만드는 사람들이 우블리요Oublayeurs라 불리는 길드를 결성하고, 요리사와 직업을 구분하기 시작했다. 반죽으로 만드는 모든 것을 의미하는 '빠히씨에Paricier'라는 단어를 사용하며 현재의 파티시에 Pâtissier가 생겨났다.

종교 행사용 과자를 벗어나 달콤함은 축하의 상징이 되고, 과자의 황금기 17세기를 지나 정교한 디저트를 만들어 내는 행위는 종합 예술이 되었다. 주방에서의 셰프들은 과학자 같기도, 때로는 아티스트 같기도 하다.

전통에 현대라는 재료를 더하고, 창의력이라는 감미료를 추가해 미각을 찾아가는 과정이 아름답다. 맛은 사람의 마음을 고양시키기도, 위로해 주기도 한다. 신비로움과 사랑이 담긴 구름 과자를 담으려 제과점 안팎으로 둘러싸여 있는 사람들의 표정은 하나같이 기쁨의 눈썹

이 하늘 위로 올라간 모양새다. 손끝으로 작고 부드러운 갸또를 집어 먹으면, 사르르 녹아 온몸에 전율을 일으키는 이 감각을 어찌 사랑하지 않을 수 있을까. 그러니 파리에 온 만큼 바게트, 크루아상만 먹지 말고 특별한 디저트도 함께 즐겨야 한다.

뚜흐비용은 '소용돌이'라는 뜻으로, 수장 얀 브리가 2004년 고안해 낸 크림을 빙글빙글 짜는 기술의 일종이기도 하다. 이곳의 디저트는 여름과 겨울 컬렉션으로 나뉜다. 여름에는 가볍고 상큼한 복숭아, 딸기, 배, 자두 등 제철 과일을 재료로 삼은 제품들이 주를 이루고, 겨울에는 조금 더 묵직하고 진한 달콤함을 위한 통카, 헤이즐넛, 캐러멜, 초콜릿 등을 베이스로 한 제품들이 많다. 이름도 어찌나 독특한지 시원한 숲 _Le fraicheur des bois_, 태양의 소용돌이 열매 버베나 _Tourbillon fruit du soleil verveine_, 이국적인 손가락 _Finger Exotique_, 달콤한 살구 복숭아 _Le douceur abricot pêche_ 등이 있다.

글루텐 프리 제품도 여럿 있어 셀리악병이라고도 칭하는 글루텐 불내증이 있는 사람도 부담 없이 즐길 수 있다. 글루텐은 밀, 보리 등의 곡물에서 발견되는 글리아딘과 글루테닌이 물과 접촉하여 형성되는 조직으로 빵을 반죽할 때 볼륨감과 탄력성을 주어 식감을 형성하지만, 예민한 면역 반응을 가진 사람의 경우 섭취 시 소화 불량 증상을 호소한다.[8] 소화기가 약한 사람들은 각 제품 옆에 Sans gluten 또는 Gluten free라고 적힌 제품을 선택하면 된다. 대표적인 제품으로는 Carré Tonka, Tourbillon fruit du soleil verveine가 있다.

사람의 입맛과 추구하는 부드러움은 모두 다르지만, 내 마음을 강하게 두드린 녀석은 매장 이름과 같은 이름이 붙여진 'Tourbillon fruit du soleil verveine'이다. 바삭바삭한 시리얼 위로 부드러운 비스퀴와 자몽, 산딸기, 버베나를 졸인 콩포트, 안정감 있는 산미의 레몬 크림이 섬세하게 입안을 감싸며 조화로운 질감과 맛이 절로 탄성을 자아내게 한다.

루이 필리프 다리(Pont Louis Phillipe)
Pont Louis Philippe, 75004 Paris

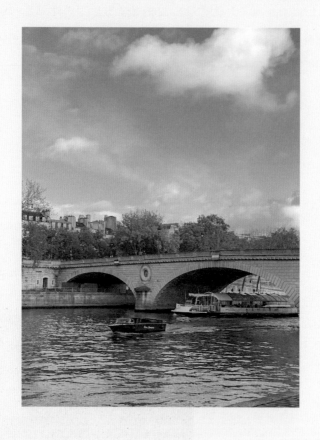

루이 아라곤 광장(Place Louis Aragon)

Place Louis Aragon, Quai de Bourbon, 75004 Paris

　　디저트를 구매해 루이 아라곤 광장*Place Louis Aragon* 공원 벤치에 앉아 완벽하게 균형 잡힌 달콤함 한입, 햇살 한입을 베어 물면 '따사롭고 풍요로운 하루를 보내고 있구나' 하는 마음이 든다. 포장 구매만 가능하다는 단점이 장점으로 바뀌는 순간이다. 혀끝을 자극하는 맛은 멜로디가 되고, 벨벳처럼 미끄러진다.

　　발걸음을 옮겨 멜로디 그라피*Mélodies graphiques* 로 간다. 흔적 남기기를 사랑하는 모든 사람들을 위한 종이 가게다. 다양하고 독창적이며 클래식한 편지지, 엽서, 노트, 만년필, 문구류, 캘리그라피 등 파리를 듬뿍 담은 기념 선물을 고르기에 안성맞춤이다.

이곳에서 루이 14세와 나폴레옹 1세도 즐겨 썼다는, 1670년부터 역사가 이어진 제이 허빈*J.Herbin* 잉크[9]를 발견했을 때는 기뻐서 손으로 입을 막고 소리를 지르기도 했다. 만년필 한 자루를 쥐고 영화에서나 볼 법한 벨 에포크 시대를 느낄 수 있는 종이를 사서 그날의 기분을 기록하고, 작은 그림을 그리는 일은 우리 모두를 예술가로 만들어 준다. 메모를 열어 볼 때마다 그날의 향기와 기억이 되살아날 테니 얼마나 로맨틱한 일인지 모른다.

주인아저씨는 꽤나 무뚝뚝한 편이라 매일 웃는 얼굴은 아니지만 차분하고, 귀여운 매력을 가진 분이다. 어떤 날은 새로운 물건이 들어왔다며 자랑을 하시기도 하고, 비가 많이 내린 날은 따뜻한 차 한잔을 내주시기도 한다. '안녕하세요'를 알려드린 적이 있는데 일본 손님에게 잘못 사용해 멋쩍었다며 에피소드를 푸는 날이면 한국인 구별법에 대해 한참 수다를 떨기도 한다. 따뜻하고 아늑하며, 모든 이들의 마음을 사르르 녹여 주는 곳이다.

멜로디 그라피(Mélodies graphiques)

10 Rue du Pont Louis-Philippe, 75004 Paris
영업시간 | 월 14:00~18:00
　　　　 | 화-토 11:00~19:00

마음에 온기를 가득 채운 채 10분 남짓 걷다 보면 59 리볼리*59 Rivoli*
가 나타난다. 1999년 은행이 파산하며 버려졌던 건물에 예술가들이
하나둘씩 모여들기 시작하면서 59번지 리볼리 그대로 이름이 되었
다.[10] 이제는 연간 4만 명 이상의 방문객이 찾아오는 현대 미술 전시장
중 하나다. 2001년 파리 시장과의 합의가 이루어져 예술가 즉 점거 집
단과 점유 계약을 체결하면서 추방의 위협에서 벗어나게 되었다. 작가
들이 상주하고 있어 언제든지 예술적인 대화가 가능하고, 무료 전시라
는 점에서 기분을 환기시키고 싶을 때 찾곤 한다. 그림은 그 사람의 시
대를 모두 반영하고 있다는 것이 꼭 영화와 같다. 눈이 휘둥그레지는
현란한 색 조합에 마음을 빼앗기는 순간에는 마치 파리의 젊은 피를
수혈받은 듯 심장이 쿵쾅대는 것을 느낄 수 있다. 층계를 오를 때마다
어떤 분위기로 변신할지 미지수이기 때문에 날 것 그대로를 느끼며 예
술가들과 함께 호흡할 수 있다.

화려한 색감에 취해 계단을 내려오면, 종종걸음으로 퐁피두 센터*La
centre Pompidou*로 이동하는 사람들이 보인다. 퐁피두 센터와 아뜰리에 브
랑쿠시*Atelier Brancusi*는 묶어서 관람하기 좋다. 이것도 좋지만, 오늘의 방
향은 부르스 드 코메르스-피노 컬렉션*Bourse de Commerce-Pinault Collection*으로
결정한다.

이곳은 상업 거래소가 탈바꿈한 현대 미술관으로, 파리에 오면 꼭
방문하고 싶은 공간으로 손꼽힌다. 구찌, 부쉐론, 입생로랑을 자회사
로 둔 케링 그룹 프랑수아 앙리 피노의 예술 컬렉션이다. 우리에게는

59 리볼리(59 Rivoli)

59 Rue de Rivoli, 75001 Paris
운영시간 | 화-일 13:00~20:00

부르스 드 코메르스 - 피노 컬렉션
(Bourse de Commerce - Pinault Collection)

2 Rue de Viarmes, 75001 Paris
운영시간 | 월, 수, 목, 토, 일 11:00~19:00
 | 금 11:00~21:00

본테 미술관과 뮤지엄 산으로 친숙한 안도 타다오가 내부 공간 설계를 담당했고, 프랑스 디자인의 정수를 보여 주는 로낭&에르완 부홀렉 형제가 실내·외 가구 디자인을 맡았다.[11] 인문학적 사고를 이런 식으로 풀다니, 시대를 앞서가는 사업가와 아티스트의 만남이 호기심을 불러 일으킨다. 이곳에서는 모든 청중이 예술로 하나 되는 모습을 함께할 수 있다. 걸음마다 보고 듣고 읽으며 감각을 깨운다. 자유롭게 이동하며 정의되지 않은 창조가 시작되는 곳이다.

낭만적인 하루의 정점을 찍는 노을이 나를 반긴다. 이제 가볼 곳은 사마리텐 백화점 *Samaritaine* 이다.

라 사마리텐 *La Samaritaine* 백화점이 루이비통 모에헤네시 *LVMH* 의 손길로 15년 만에 화려하게 귀환했다. 이 백화점은 1870년 어니스트 코냑과 그의 아내 마리 루이즈 제이가 퐁네프 *Pont-Neuf* 다리 위에서 시작한 것으로 예수님과 사마리아 여인의 만남을 상징하는 인물들로 장식되어 있던 물 펌프 이름에서 따와 '라 사마리텐'이라고 이름 지었다고 한다. "우리는 사마리텐에서 모든 것을 찾을 수 있습니다(On trouve tout à la Samaritaine)."라는 슬로건을 내세워 경제 호황을 기회로 무한한 성장을 했다.

기존 건축물은 건축가 프란츠 주르댕의 아르누보*** 양식으로 디자

*** Art nouveau, 19세기 말~20세기 초에 걸쳐 유럽 및 미국에서 유행한 양식으로 '새로운 예술'을 뜻한다.

사마리텐 백화점(Samaritaine Paris)

9 R. de la Monnaie, 75001 Paris
영업시간 | 월-일 10:00~20:00

인한 강철 금속 프레임과 유리지붕 구조로 빛을 투과하는 형태였다. 외관을 모자이크 간판으로 장식하고, 노랑과 녹색 톤의 프리즈로 꾸며 냈었다. 정교한 장식의 건물에 건축가 앙리 소바주의 아르데코**** 건 물이 더해져 100여 년을 이어 갔지만 2001년 LVMH에 인수되었다. 2005년 건물의 노후화 문제로 문을 닫았다가 15년간 심혈을 기울여 복원했고 다시 문을 열게 되었다. 철제 구조물과 프란츠 주르댕의 아 들 프란시스 주르댕의 공작새 프레스코화, 일본 건축 그룹 사나의 물

**** Art deco, 1920~1930년대 장식 미술로 기본 형태의 반복, 기하학적
문양, 풍부한 색감 등을 나타낸다.

결 형태를 띠는 파사드 구조, 미술가 외젠 그라세의 구조물과 계단의 1만 6천 개 금장 나뭇잎, 층계참 아래에 있는 아르누보 세라믹 장식, 270개의 원목 계단까지 세세히 눈여겨보아야 한다.[12] 게다가 도심으로 돌아온 호텔 슈발 블랑 파리 *Hôtel Cheval Blanc Paris* 까지 완벽하다.

슈발 블랑을 직역하면 '백마'이다. 백마는 신화 속 동물로, 천리안을 가졌으며 악을 물리치고 위험을 경고하는 힘도 가지고 있다고 한다. 또한 슈발 블랑은 생떼밀리옹 *Saint Emilion* 의 가장 특별하고 독특한 레드 와인 중 하나인 샤또 슈발 블랑 *Château Cheval Blanc* 의 이름이기도 하다.[13]

16세기 전설에 따르면 백마를 탄 부르봉 왕가의 앙리 4세가 당시 생떼밀리옹 포메롤을 지나가며 쉬다 간 장소라 하며, 하얀 말을 좋아했던 앙리 4세를 위해 샤또의 이름을 그렇게 명했다는 설도 전해진다. 앙리 4세는 1553년생이고, 슈발 블랑의 이름이 나온 계약서는 1546년에 발견되었다고는 하지만, 그 이름과 명맥이 계속된 데에는 앙리 4세의 공이 크다고들 한다.

1998년부터는 LVMH 소유로, 파리, 생트로페 *Saint-Tropez*, 생바르텔레미 *Saint Barthélemy*, 랜드헬리 *Randheli*, 꾸르슈벨 *Courchevel* 까지 5곳에서 그 이름을 가진 호텔을 만날 수 있다. 이렇게 예쁜 이름을 가진 슈발 블랑 파리에서는 센 강의 윤슬과 퐁네프 다리를 내려다보며 밀푀유를 먹어야 한다.

슈발 블랑(Cheval Blanc Paris)

8 Quai du Louvre, 75001 Paris

고에미요*Gault et Millau*는 1972년부터 시작된 프랑스 미식 가이드로, 1980년부터 올해의 셰프, 파티시에, 소믈리에를 선정하고 있다. 이곳에 이름을 올린 2022년 최고의 파티시에 막심 프레데릭의 디저트라니 상상만으로도 군침이 흐른다. 같은 해 프랑스 디저트 전문 잡지 〈푸드 파티스리〉에서도 그의 밀푀유가 '심사위원의 마들렌*La Madeleine du Jury*'이라는 상을 거머쥐며, 편집장 줄리 마티유에게 "우리는 이미 수천 개의 밀푀유를 맛보았지만 이것은 우리를 놀라게 했다. 오늘날 프랑스 페이스트리의 가장 뛰어난 표현을 구현한다(On a déjà goûté des milliers de millefeuilles, commente Julie Mathieu, rédactrice en chef du magazine Fou de pâtisserie. Celui-ci a pourtant réussi à nous surprendre et incarne aujourd'hui l'expression la plus aboutie de la pâtisserie française)."라는 찬사를 듣는다.[14)]

밀푀유는 '천 겹의 잎사귀'라는 뜻이다. 반죽과 버터를 겹겹이 쌓아 만들어 오븐 안에서 굽기가 진행되면서 반죽의 수분이 증발하는데 이 수증기가 버터 안에 갇히며 부피를 차지해 부풀어진 모양새가 된다.[15)] 쉽게 부서지고 입에서 녹는 감촉이 좋은 상태로 만들어 내는 것이 관건인데, 이 식감을 위해 2년을 오롯이 연구했다고 하니 17세기부터 내려온 레시피의 재발견이 아닐 수 없다.

밀푀유를 주문하면 눅눅하지 않은 상태로 바삭하게 조립된 밀푀유와 크림을 준비해 준다. 입술을 지나 혀에 부딪히고, 치아로 앙 깨물게 되는 그 찰나 침샘에 침이 잔뜩 고인다. 부스러기가 툭 하고 입안에 떨어지는 동시에 가슴과 머리가 풍선처럼 부푼다. 피라미드처럼 잘 조합된 맛이다. 기본 중의 기본이지만 클래식은 영원하다는 말이 뇌까지 짜릿하게 만들어 준다.

슈발 블랑에는 아르노 동켈 셰프가 총괄하고 있는 3개의 식당 _Le jardin, Langosteria, Plénitude_ 과 1개의 바 _Le Tout-Paris_ 가 있으니, 하늘에 피어나는 붉은 노을과 함께하는 식사도 여행의 여운을 남길 수 있는 방법이다. 어두운 조명과 농도 짙은 음악에 기대며, 날이 저물어 갈수록 느려지는 사람들의 발걸음을 눈에 담아 두면, 언제고 마음이 지칠 때 열어 볼 수 있을 테니 말이다.

불어오는 바람을 타고

france

쿨레 베르트 산책길
(Coulée Verte René Dumont)

1 Coulée Verte René-Dumont,
75012 Paris

휴일 아침저녁으로 선선한 바람을 느끼며 걷는 일은 모든 근심 걱
정에서 해방감을 준다. 사람들의 재잘대는 말소리는 아름다움이고, 구
름에서 떨어지는 빗방울은 귓가에 속삭이는 노랫가락이다. 불어오는
바람마저도 상쾌함 그 자체로 이유가 되는 하루를 근사하게 시작하고
싶어 쿨레 베르트 산책길 *Coulée Verte-René Dumont* 로 향한다. 직역하자면 '초
록 오솔길 르네 듀몽'이라는 뜻인데, 르네 듀몽이라는 농업 경제학자
를 기리기 위해 그 이름이 붙여졌다.[16) 센 강을 따라 러닝하는 일도 좋

지만, 도시의 소음에서 잠시 벗어나고 싶을 때 선택하는 코스다.

1969년, RER A 외곽 노선이 통합되면서 파리-바스티유역과 센에 마른 *Seine-et-Marne* 의 마흘엉브리 *Marles-en-Brie* 를 연결하던 뱅센 *Vincennes* 라인 이 버려지면서 이 오래된 철로에 자연 산책로가 만들어졌다.

맨해튼 첼시 지구를 가로지르는 하이 라인이 쿨레 베르트에서 영감을 받아 탄생한 곳이니, 두 곳을 비교해 보는 재미도 있다. 영화 〈비포선셋〉을 추억하는 이들에게는 제시와 셀린의 대화 내용이 머릿속에 맴돌 것이다.

끝없이 펼쳐지는 각종 나무와 식물 사이사이를 지나 봄을 알리는 튤립, 여름 장미, 가을에는 붉게 물들어 가는 단풍, 겨울 코끝 시린 찬 바람을 만나면 마치 이상한 나라의 앨리스가 된 듯, 사계절이 금방이다. 거리 예술가들의 독특한 미술품을 발견하기도 하고, 오스만 양식의 건물과 어우러진 현대 건물을 보며 벤치에 앉아 사색에 잠기기도 한다. 총 4.7km 코스인데, 절반은 7m 높이에 있어 마치 파리를 연결하는 구름다리처럼 느껴진다. 중간에 어느 지점으로든 경로를 따라 계단이나 엘리베이터를 타고 이탈할 수 있어 다리 아픈 날에는 샛길로 빠지기도 안성맞춤이다.

초록초록한 피톤 치드를 양껏 들이마셨으니, 몸에 조금은 나쁜 짓을 해도 괜찮을 것만 같다.

모퉁이를 돌아 딸랑 백 인 블랙 *BACK IN BLACK* 의 문을 열었다. 햇살이 유리창을 두드릴 때, 사정없이 퍼붓는 진한 커피 향이 코끝에 닿으면 시곗바늘이 서로를 쫓지 않고 생각이 바람처럼 흩어졌다 모이기를 반복한다. 허공으로 사라지는 대화들 속에 감정이 날갯짓한다.

이곳은 로스팅 10년 차에 접어들었다는 니콜라스 피에게가 계절에 따라 바뀌는 전 세계의 원두를 선보인다. 2010년부터 최적의 조건에서 생산되고, 세심하게 가공되어 독보적인 향기를 지닌 스페셜티 커피를 취급했으며, 2015년부터는 직접 로스팅해 판매한다.

제3의 커피 물결을 휩쓸었다고 평가받는 곳이라 호기심이 생겼다. 첫 번째 물결은 1900년대 잠을 깨워 주기 위한 도구로써의 커피로, 인스턴트 커피의 탄생과도 연관이 있는 시대였다. 두 번째 물결은 1970년대부터 즐거움으로써의 역할이 추가되었다. 세 번째 물결인 2000년대부터는 스페셜티 커피와 관련된 원두, 로스팅, 재배 방법이 강조된 예술로써의 커피라고 칭한다.

사실 퍼콜레이션 공법*이 처음으로 사용된 곳이 바로 프랑스라는 사실을 알고 나면[17], 커피에 진심인 이유가 납득된다. 프랑스에서는 다른 유럽보다 조금 늦은 1644년, 마르세유 상인에 의해 이집트에서 커피를 처음 수입하였다. 1669년이 되어서야 터키 오스만 제국 술탄의 특사인 술리만 아가의 방문으로 볶은 커피콩이 파리에 당도해 루이 14세가 그 맛을 볼 수 있었다.[18]

1675년, 루이 14세가 커피 조약에 서명함으로써 암스테르담 시장

---

* Percolation, 커피 원두 가루를 물로 투과시키면서 성분을 추출하는 과정.

백 인 블랙
(BACK IN BLACK COFFEE)

25 Rue Amelot, 75011 Paris
영업시간 ㅣ 월-금 9:00~16:30
ㅣ 토-일 9:00~18:00

에게 커피나무 몇 그루를 제공받아 궁정 정원사들이 관리하기 시작했다. 몇 년 후 루이 15세 때 부르봉 왕가에서 레위니옹*La Réunion*에 커피 농장을 소유하며, 마르티니크*Martinique*와 과들루프*Guadeloupe*에서 프랑스 왕국에 필요한 생산을 보장하기 위해 커피나무의 재배에 심혈을 기울였다. 진정한 커피 애호가였던 루이 15세는 베르사유의 별궁인 트리아농*Trianon*의 온실에서 커피나무를 재배하기도 했다.[19]

왕이 마시던 커피는 고상한 쌉쌀함이었을까 압도적인 편안함이었을까 물음표를 던지며, 달콤한 포옹 같은 한 모금이 식도를 타고 부드럽게 넘어갔다.

쫀쫀하며 미세한 그물망 구조를 가진 스팀 밀크에 섞여든 진한 에스프레소가 쨍하지 않아 부드럽고 고소한 풍미를 안겨 준다. 마치 화이트초콜릿을 첨가한 것처럼 카카오버터가 감싸 안는 듯한 맛이다. 브루잉 커피에 우유를 첨가한 카페오레보다 구조적이며 적당한 양의 플랫 화이트가 취향에 딱이다. 매끈매끈 반질반질한 표면이 건조하게 매말랐던 입술을 적신다. 빛이 물결치는 유리 통창 너머로 비치는 걸음들을 따라 시선을 움직여 본다. 생각들이 바람처럼 흩어졌다 모여지기를 반복한다. 이 시간을 사랑하는 이유다.

    길을 건너 500m 남짓 걸어가면, 카르나발레 박물관*Musée Carnavalet*이
나온다. 태양왕 루이 14세의 조각상이 우월한 자태를 뽐내며 반기는
파리 역사를 한눈에 만날 수 있는 무료 박물관이다. 19세기 말 파리시
의 도시 계획을 맡았던 조르주 외젠 오스만의 권고로 1866년 파리 시
의회에서 건물을 사들였으며 1880년 대중에 공개됐다.[20]

    마레 지구에서 가장 오래된 2개의 개인 저택 카르나발레 호텔*Hôtel*

Carnavalet 과 르 펠레티에 드 생 파르고 호텔 *Hôtel Le Peletier de Saint Fargeau* 을 보고 있노라면 파리의 시초 시테섬의 모습부터 지금의 파리가 있기까지를 돌아볼 수 있어 흥미롭다.

'카르나발레'라는 이름은 앙주 공작의 가정 교사이자 호텔의 주인인 프랑수아 드 케르네브누와의 이름에서 따와 붙여졌다. 호텔은 여러 번 인수를 거쳤는데, 마담 드 세비네가 1677년부터 사망하는 해인 1694년까지 안주인이었다. 루이 14세가 세비네의 딸 프랑수아즈에게 푹 빠졌지만 세비네는 이 관계를 반대했다고 한다. 평생 쓴 편지 297통 중 262통은 딸에게 썼다는 것으로 보아 왕에게 맞설 정도로 애지중지했던 딸임이 분명하다. 세비네 후작의 개인 소장품과 그림을 보는 재

카르나발레 박물관(Musée Carnavalet)

23 Rue de Sévigné, 75003 Paris.

미도 쏠쏠하다. 정원이 내려다보이는 정면에는 16세기의 나자렛 개선문, 17세기의 드라피에 파빌리온, 18세기의 슈아줄 파빌리온 등 철거된 파리 건물의 요소가 통합되어 있어 450년 이상의 숨결에 눈이 휘둥그레진다. 5월부터 10월까지는 정원에 앉아 식사할 수도, 칵테일을 한잔할 수도 있다.

사람들을 끌어당기고, 공기에 사랑이 스며들어 있는 곳이다. 모든 형태는 인간의 마음보다 빠르게 변한다고 하는데, 격변하는 세월 속 변하지 않는 안식처 같기도 하다.

마담 세비녜가 1672년 3월 9일 딸에게 보내는 편지 중 "마음의 장점을 측정하는 진정한 척도는 사랑할 수 있는 능력이란다(La vraie mesure du mérite du cœur, c'est sa capacité d'aimer)."[21)]라는 문구가 떠오른다. 이곳에 머무는 모든 이가 파리를 떠날 때쯤이면 마음에 사랑의 꽃씨가 싹트겠지.

모퉁이를 돌아 나오면 코냑 제 박물관 Musée Cognacq-Jay 이 있다. 지금은 LVMH 소유의 사마리텐 백화점 창립자인 어니스트 코냑과 그의 아내 마리 루이즈 제이가 수집한 18세기 작품을 모아 놓은 곳을 1928년 파리시에 기증하면서 생긴 박물관이다.[22)] 안뜰과 정원 사이에 아름다운 16세기 호텔 도농 Hôtel Donon 이 자리해 파리의 세련됨을 갖추고 있다. 프랑수아 부셰, 장-시메옹 샤르댕, 장 오노레 프라고나르 등의 그림, 조각품, 가구 및 귀중품 등 18세기 계몽주의 시대 예술의 진가를 만날 수 있다. 시선을 옮기는 동안 캔버스의 감미로운 기억 속 욕망을 엿보기

코냑 제 박물관(Musée Cognacq-Jay)

8 Rue Elzevir, 75003 Paris
운영시간 | 화-일 10:00~18:00

도 하고, 휘몰아치는 공허함이 비치는 눈동자를 바라보기도 했다. 수
많은 색채 속 요란한 아름다움을 바라보고 있자니 사람들의 각양각색
인 인생도 작품이라 생각된다.

가슴 속에 예술이라는 꽃 한 송이를 품고 로맨틱의 끝판왕 보주 광
장*Place des Vosges* 으로 가는 중 잠시 한눈을 팔아 카레트*Caréte* 로 향한다. 어
마어마한 맛이 숨어 있는 곳은 아니지만, 잠시 고단해진 다리가 쉴 수
있는 절호의 찬스다. 무엇보다 예쁘다. 이거면 충분하지 않을까?

1927년 장 카레트와 아내 마들렌이 트로카데로*Place de Trocadéro* 에 차
린 카레트라는 이름으로 시작된 제과점이다. 아침 7시부터 밤 11시까
지 불을 밝혀 100년가량 기나긴 세월 동안 파리의 달콤함을 책임지고
있다. 트로카데로점에서는 안주인 마들렌의 초상화가 반기고 있고, 위

카레트(Carette)

25 Pl. des Vosges, 75003 Paris
영업시간 | 매일 7:30~23:30

베르 드 지방시가 장식한 디자인으로 꾸며져 있어 1930년대를 떠올리기에 충분하다.[23] 분홍색 대리석 테이블, 샹들리에와 금박 몰딩은 관광객을 끌어들이는 이유이기도 하다.

보주 광장 지점은 2007년 문을 열었다. 16세기 루이 13세의 스타일을 섬세하게 보존하고 있는 것이 특징이며 SNS로 확산되면서 관광객으로 붐비고 찾는 이가 많은 편이다. 사진으로 여러 장 남기고 싶을 만큼 알록달록한 접시와 찐득한 핫초코, 빽빽한 거품으로 풍성하게 올린 샹티 크림의 조합은 환상이다. 지저귀는 새들과 함께 아침 메뉴를 주문할 수도 있고, 조금 천천히 시작하는 하루라면 브런치 메뉴를 선택할 수도 있겠다.

달빛 아래 은하수 별처럼 흩어지는 마카롱을 한입 깨물어 먹으면, 산딸기와 함께 상큼함이 입안을 가득 채운다. 충치가 생기더라도 오랫동안 머금고 싶은 맛이다. 세로토닌이 마구 분비된다. 끈적끈적한 설탕의 바다에서 헤엄치게 만드는 관능의 묘약이다.

상냥한 어조의 친절 열매를 섞어 주어 더욱 흡족하다. 모든 음식은 맛으로만 먹는 게 아니다. 그날의 온도, 웃음, 함께한 사람… 때때로 미화된 기억에 가끔은 속기도 하지만, 추억이라는 공통분모는 옷깃을 끌어당긴다.

보주 광장은 원래 왕실 광장*Place Royale*으로 불렸다. 프랑스 혁명 이후 새로운 정부가 부과한 세금을 최초로 납부한 곳인 북동쪽의 보주 지역에 경의를 표하며 보주 광장이 되었다. 보주 광장은 파리 5대 왕실 광

보주 광장(Place des Vosges)

Pl. des Vosges, 75004 Paris

장 중 하나다. 왕실 광장은 왕들의 동상을 세우기 위해 고안된 곳들로 보주 광장 외에 빅토아르 광장, 도핀 광장, 방돔 광장, 콩코드 광장으로 이루어져 있다.

보주 광장을 감상하지 않고 마레 지구를 산책하는 것은 개선문을 보지 않고 샹젤리제 거리를 산책하는 것과 같다는 말이 있을 만큼 보주 광장은 고전적인 프랑스 스타일을 완벽하게 보여 준다. 또한 17세기 건축물의 독특함을 만날 수 있다. 앙리 4세 통치 시절 중산층과 왕실 고위 관리들의 저택 잔디밭은 귀족들이 승마 훈련을 즐길 수 있도록 모래로 덮여 있었다고 한다.[24] 가만히 지켜보면 어디선가 다그닥 말발굽 소리가 들려오는 것 같기도 하다.

7번지에 위치한 호텔 드 슐리 정원 Cour et Jardin de l'Hôtel de Sully 에서는 꼭 쉬어 가야 한다. 이곳에 숨어들어 있으면 아무도 나를 찾지 못할 것처럼 조용하고 평화로운 곳이다. 또 빅토르 위고의 집 Maison de Victor Hugo 도 방문해 보아야 한다. 1832년부터 1848년까지 이곳에서 불타올랐던 예술혼의 결과물로는 《루크레치아 보르자》, 《뤼 블라스》, 《빛과 그늘》 등이 있으며, 《레 미제라블》도 상당 부분 써 내려갔다고 알려져 있다. 이곳에서 보주 광장을 내려다보니 붉고 흰 벽돌들이 웅장함을 뽐내며 감각적인 어둠 속 노래를 부른다.

따스한 하늘이 비추는 날 작은 피크닉을 위해 돗자리와 책 한 권을 챙겨 나와 풀밭에 누워 늘어지는 시간을 보내는 것도 추천한다. 외부의 자극을 차단하고, 자연스러운 리듬으로 호흡하며 생각에서 멀어질

수 있는 방법이다. 독서를 하는 사람, 스케치를 하는 사람, 공놀이하는
아이들, 재잘거리는 연인들 속 살아 있는 음악이 흐른다. 웃음이 빛나
고 심장 박동이 쿵쿵대며 분수의 물방울들이 한곳으로 모인다. 핏줄을
타고 흐르는 행복이다.

호텔 드 슐리 정원
(Cour et Jardin de l'Hôtel de Sully)

5 Pl. des Vosges, 75004 Paris
운영시간 | 매일9:00~19:00

빅토르 위고 저택(Maison de Victor Hugo)

6 Pl. des Vosges, 75004 Paris)
운영시간 | 화-일 10:00~18:00

보물 발견하기

생 마르탱 운하
(Canal Saint-Martin)

115-109 Quai de Valmy,
75010 Paris

흔들흔들 나뭇잎이 빙그르르 우아한 발레 동작처럼 미끄러지듯이 떨어진다. 타오르는 환상에 흠뻑 젖었던 날들이 지나가고 부드러움이 채워지는 계절이 다가오는 것이 느껴졌다. 날씨에 동기화가 되듯 하품이 솔솔 나는 시간, 비가 와 안개가 자욱하게 낀 거리로 나섰다. 일요일 저녁 운하를 따라 산책하기도 좋고 친구들과 왁자지껄 한잔하기에도 안성맞춤인, 참방참방 물장구치기 좋은 생 마르탱 운하*Canal Saint-Martin*다. 파리 10구에서 11구를 거쳐 루르크 운하*Canal de l'Ourcq*를 지나 센 강까지 4.5km를 흐른다.

19세기 초, 식수 공급이 원활하지 못해 파리 시민들의 잦은 전염병에 시달리자 나폴레옹 보나파르트 1세는 이러한 상황을 해결하기 위해 엔지니어 피에르 시몽 지라드에게 작업을 맡겨 운하 건설을 시작했다. 1970년도에 고속도로 건설로 사라질 뻔했지만, 시민 단체가 강경하게 반대하는 바람에 보호받을 수 있었다.[25] 1993년에는 역사 기념물로 지정되었으니 실로 엄청난 결과다. 총 9개의 수문이 있으며, 운이 좋을 때는 수문을 여닫으며 운하의 높낮이를 변경해 보트가 지나다니는 모습을 볼 수도 있다. 100년은 훌쩍 더 나이를 먹은 밤나무들 사이로 비스트로, 와인바, 레스토랑들이 즐비해 있어 어느 곳을 들어가도 실패하는 법이 없다.

애니메이션 〈라따뚜이〉에 나온 지하도가 바로 이곳인데, 파리의 지저분함과 낭만이 공존하는 재미에 절로 웃음이 난다. 일렁일렁 이는 물결에 얼굴을 비춰 보고 있으면 마음은 잔잔해지는 마법이 일어난다. 흘러가는 강물만큼 행복도 하루 내내 흐르고 있다는 것이 느껴진다.

엉덩이를 툭툭 털고 일어나 골목길을 들어서면, 라 트레조르리 *La Trésorerie*가 나온다. 이전 파리 10구 재무부 청사였던 곳을 생활의 보물을 찾아보라는 의미로 이렇게 이름 지었다고 한다. 트레조 *Trésor*는 현금, 보물이라는 뜻이고, 접미사 '+erie'가 붙어 'Trésorerie'는 재무부라는 뜻도 있고, 보물 가게라는 뜻도 있다.[26]

이곳에는 온갖 잡동사니가 다 있다고 보면 된다. 제품의 90%가 유럽에서 생산되는데 그중 40%는 프랑스산이다. 나머지 10%는 공정무역에서 나온다. 모든 물품이 천연 소재이며 재생 가능한 물건만 판매

한다. 그렇지 않은 경우라면 100% 재활용이 가능한 녀석들이다. 70%
가 올곧은 장인의 공방에서 나온 물건들이라 A/S도 확실하다. 그렇다
고 해서 터무니없는 가격은 아니다. 아름답고 유용하며 존중받을 수 있
는 물건만 팔겠다는 사장님의 철학에 박수를 보낸다. 주방 도구들을 하
나씩 채우는 재미에 들르기도 하고, 집들이 선물이나 생일 선물, 그러니
까 내 돈 주고 사기는 아깝지만 선물 받으면 좋을 것들을 구매하러 종종
들른다. 여행객이라 늘어나는 짐이 걱정이라면 예쁜 식탁보나 앞치마를
추천한다. 프랑스 사람들은 저런 걸 어디서 살까? 했던 궁금증이 사르르
풀린다. 선물하는 사람도, 받는 사람도 기쁨으로 충만해지는 공간에서
우리만의 보물찾기를 시작해 본다.

라 트레조르리(La Trésorerie)

11 Rue du Château d'Eau, 75010 Paris
영업시간 | 화-토 11:00~19:00

슬슬 당 충전이 필요한 시간이다. 달콤함은 생각보다 때때로 더 큰 위로와 힘을 준다. 감미롭고 다정하며 상냥한 맛을 만나러 필립 콩티치니*Philippe Conticini*로 향한다. 높은 수준의 맛을 느낄 수 있는 데다가 종종 필립 콩티치니 셰프를 만날 수도 있다.

필립 콩티치니는 1991년, 고에미요 올해의 제과 셰프로 선정되면서 1994년 베린느*라는 디저트를 만들어 유명세를 타기 시작했다. 언론에 자주 등장한 그는 2012년, 2013년, 2014년, 2015년, 2017년에는 〈최고의 파티시에*Le Meilleur pâtissier*〉 프로그램에, 2018년에는 〈최고의 파티시에: 전문가*Le Meilleur Pâtissier: Les Professionnels*〉에 심사위원으로 참여했다.[27] 필립 콩티치니는 파리, 런던, 도쿄 등에서 만날 수 있지만, 오리지널이 최고이지 않을까 한다.

달콤함은 미학이다. 직관적인 맛부터 상상에 상상을 더하는 맛까지 느낄 수 있는 절제된 미각의 황홀함을 느낀다. 인간의 욕망을 감미로움으로 풀어내고 온유함을 도출해 낸다. 매력적인 환상의 카타르시스인 것이다. XXL 사이즈의 크로와상은 정말이지 유쾌함 그 자체였다. 필립 콩티치니를 필두로 전 세계 곳곳에서 챌린지처럼 퍼져 나가 황금빛 바삭함이 모두를 유혹했다. 인스타그램에서 수천만 회 이상 조회되었다니 홀려도 단단히 홀린 것이다.

파티시에에게 참 어려운 것은 틀을 벗어나지 않는 창작물이다. 이

---

* Verrine, 작은 유리컵 안에 층으로 나뉘는 구조를 가진, 작은 스푼으로
  떠먹는 형태의 디저트.

필립 콩티치니(Philippe Conticini)

37 Rue de Varenne, 75007 Paris
영업시간 ｜ 매일 10:00~19:00

미 제시되고 획일화된 맛의 범위를 뛰어넘지만 클래식함은 유지하는
제품을 구현해 내기 위해서 들이는 노력이 어마어마하다. 그 대표 주
자로 달려 나가는 사람 중 하나가 필립 콩티치니다. '파리 브레스트 아
몬드 누아젯 *Paris-Brest amande noisette*'은 가장 대표적인 그의 작품이다.
1981년 파리-브레스트 자전거 경주 대회가 열렸을 때, 자전거 바퀴를
연상시키는 원형 모양의 슈 반죽을 월계관처럼 구워 우승자에게 수여
했는데, 그 이후로 고전에 시대적 풍미를 더해 만들기 시작했다. 가볍
게 바삭하면서도 녹진한 프랄리네 크림이 입안을 코팅한다. 오도독 씹

히는 견과류까지 씹는 것을 멈출 수 없다. 많은 이들이 마음속 1등 파리 브레스트라고 뽑는 이유가 있는 맛이다. 이날은 조금 더 무거운 맛을 원해 타르트 쇼콜라 프랄리네 *Tarte chocolat praliné* 를 골랐다. 타르트 생토노레 *Tarte Saint-Honoré* 라든지, 타르트 시트롱 머랭 *Tarte citron meringuée* 을 맛보아도 좋겠다. 자극적이면서도 달지 않고 풍미가 가득하다. 훌륭한 중독이라는 단어가 어울린다.

집에 치즈가 떨어졌다는 게 생각나 치즈를 사러 이름도 귀여운 마흐셰 데 장팡 루즈 시장 *Marché des Enfants-Rouges* 으로 향했다. 보통 시장은 오전 11시 30분이면 정리하는 분위기라 늦잠 잔 날은 로컬 시장의 매력을 느끼기가 어려운데, 이곳은 저녁 시간까지 열려 있어 언제든 찾아가기 좋다.

지붕이 있는 시장 중 가장 오래된 이 시장은 루이 13세 왕의 요청으로 1615년에 창설되어 당시에는 작은 마레 시장 *Le petit marché du Marais* 으로 불리며 가금류, 사냥감 및 기타 식료품을 마레 지구와 로열 광장^{현재의 보}주^{광장}에 공급하였다. 발루아 왕가 프랑수아 1세의 누이인 마르그리트 드 나바르가 파리에 아픈 어린이와 고아를 위해 호스피스를 운영하였는데, 당시 고아원 생활자들은 모두 기독교 자선의 표시인 빨간색 유니폼을 입고 있었다. 따라서 작은 마레 시장은 빨간 어린이 시장이라는 뜻의 '마흐셰 데 장팡 루즈'로 이름이 바뀌었다.

1912년에는 파리 시청이 매입해 파리 동부의 모든 주민들이 신선한 우유를 얻기 위해 찾는 라 바셰리 *La vacherie* 라고 부르는 곳이 되었다.

마흐셰 데 장팡 루즈(Marché des Enfant-Rouge)

39 Rue de Bretagne, 75003 Paris
운영시간 | 화, 수, 금, 토 8:30~20:30 / 목 8:30~21:30 / 일 8:30~17:00

1914년 문을 닫았다가 1982년 8월 역사적 기념물로 분류되며 1990년
대 말에 개조되어 마침내 활기를 되찾았다.[28] 우리가 시장에 가면 떡
볶이와 순대를 먹듯이 이곳에서도 다양한 음식들을 만날 수 있다. 프
랑스의 수제 가공육인 샤르퀴트리*Charcuterie*와 지역 치즈들에 와인을
곁들일 수도 있고, 샌드위치를 먹을 수도 있다. 또는 모로코식 향신료
의 향연을 즐긴다거나 이탈리아식 아란치니로 훌륭하게 끼니를 해결
해도 된다. 그리고 꽃을 한 다발 사서 거리로 나오면 기분 전환에 제격
이다.

배가 부르니 식곤증이 밀려든다. 이럴 때 필요한 건 역시 커피다. 맞은편 아라쿠*Araku* 로 갔다. 하루에 한 잔 이상 커피를 찾는 애호가라면 공정무역을 통해 생산된 단맛, 과일 향, 그 모든 균형의 결정체인 유기농 순수 아라비카 커피를 맛보고 싶은 것이 당연하다.

이곳의 커피는 인도 동부 지역 아라쿠 계곡의 농부들이 참여해 만들어 내는 커피라는 점이 인상 깊었다. 커피 재배부터 준비까지 모든 단계에서 품질을 보장하는 커피 전문가인 이폴리트 쿠티의 감독하에 로스팅된다. 고도, 일조량, 그늘 유형, 토양 유형에 따라 정의된 다양한 떼루아*Terroir* 를 독특한 방식으로 로스팅하여 향을 끌어낸다고 한다.

인도는 에티오피아, 예멘을 잇는 세 번째 커피 생산국이라고 하니 대단하다. 6가지 원두를 고품질이라고 일컫는 그랑 크뤼*Grand cru*라는 이름을 붙여 판매하며 시그니처 아라쿠*Signature emblème de la maison Araku*, 첫 수확*Première Récolte*, 선택*Sélection*, 미세 기후*Micro Climat*, 높은 고도의 힘*La puissance de Haute Altitude*, 저장된 금덩이*La pépite Grande Réserve*라는 재미있는 표현들이 있다. 평소 마시는 커피 취향을 이야기하면 맞춤으로 커피를 내려 주니 커피에 대해 잘 몰라도 걱정이 없다.

이제는 커피도 와인처럼 알고 마시는 시대가 도래했다는 것이 피부로 느껴졌다. 생산자와 품종, 원산지, 떼루아, 가공 방식이나 발표 방식까지도 세분화되는 것에 놀랍고, 그만큼 애호가들이 많구나 싶다. 주머니 사정이 가벼운 날에도 기꺼이 지갑을 열며 취향을 탐닉할 수 있는 카페는 사랑방이 되어 가고 있다.

아라쿠 커피(ARAKU COFFEE)

14 Rue de Bretagne, 75003 Paris
영업시간 | 매일 9:00~19:00

아침을 시작하는 직장인, 산책 후 목을 축이는 반려견과 신문을 집어 든 할아버지, 집 앞 편안한 차림의 커플, 관광객들이 어우러져 라디오를 틀어 놓은 것처럼 저마다의 소리를 낸다. 이 다채로움이 선사하는 다정함과 정겨움은 사랑이다.

풍성한 라테 한 잔과 에스프레소보다 물을 적게 사용해서 추출한, 쓴맛이 덜한 카페 쎄레 *Café serré* 라고 불리는 리스트레토 *Ristretto* 를 연달아 주문했다. 체리 같은 쥬시함과 상큼함이 금세 비집고 들어와 정서적 안정감을 선사해 준다. 직관적이며 군더더기 없는 섬세한 아라쿠만의 고유함이 전달된다. 안정적인 크레마와 거품, 빛깔, 향기, 머금었을 때의 감각과 꼴깍 넘겼을 때 코로 느껴지는 생동감을 찬찬히 느낀다. 커피의 세 번째 물결에 올라타 파도타기를 시도하는 순간이자 작은 부분까지 세세하게 감동을 느낄 수 있는 낭만이다.

커피 향이 온몸을 감싸 안으며 전율할 때, 다른 향기로도 달라지는 계절을 맞이하고 싶어진다.

땅에 꽃이 피기 시작하면서부터 향기에 대한 인간의 집착은 계속되었다. 향수 *Parfume* 는 '연기를 통한다'는 의미의 라틴어 'per fumum'에서 유래되었다. 4000년 이상의 역사를 가지고 있지만, 프랑스에서는 12세기가 되어서야 시작되었다. 그리고 프랑스가 향수의 나라가 된 데는 카트린 드 메디치의 공이 크다. 1533년 카트린 드 메디치가 앙리 2세와 결혼하면서 르네 르 플로랑탱이라는 조향사와 함께 오는데, 이것이 바로 비밀스러운 향기로움의 발단이다. 당시에는 가죽 장갑에서 풍기는 강한 냄새를 가리기 위해 향수를 사용했는데, 그 시작이 폼페

오 프랑지파니 후작이 사용한 아몬드 기반의 향수다.[29]

동방박사가 예수님을 알현한 것을 기념하는 주현절인 1월 6일에 먹는 갈레트 데 루아*Galette des Roi*에 들어가는 프랑지판 크림*Crème frangipane*도 그 이름을 따온 프랑지판이고, 풀메리아*Plumeria*라는 아몬드 향이 나는 식물도 후작의 이름을 따온 것이라 하니 향기는 어떤 식으로든 기억에 남는구나 싶다.

1651년 루이 14세가 'Maîtres gantiers-parfumeurs*장갑-조향사 공동체*'를 승인하면서 향수의 작사 작곡이 빛을 발했다. 1791년 프랑스 혁명 초에 상인, 길드, 마스터 등의 노동조합의 단결을 금지하는 르 샤플리에 법*Loi le Chapelier*이 채택되면서 기업 활동의 자유, 상품의 자유로운 유통에 박차를 가했다. 그때 명성을 얻게 된 것이 '불리'이다.

불리 향수의 시초는 얼굴 관리용 미용 식초였다. 1809년과 1814년

| 갈레트 데 루아(Galette des Roi)

에 발명 특허를 받고 만국 박람회에서 1867년과 1878년 상을 받으며 미용 치료제의 정점을 찍는다. 1837년 오노레 드 발자크의 《인간 희극》에 등장하는 세자르 비토르라는 인물에 영감을 준 것도 장 빈센트 불리다.[30]

물론 중반의 역사가 빈약하기는 하다. 1830년 7월 혁명 때 불에 타 전소되었다가 1851년 A. Landon & compagnie에 인수되고, 1871년부터 1939년까지 판매를 이어가다가 2014년이 되어서야 재기를 하였으니 아쉬운 점은 있다. 하지만 2021년에 LVMH에 인수되고, 많은 이들이 전 세계적으로 열광하는 데는 그 이유가 있는 듯하다.

부드럽고 독특한, 허공을 통해 흘러 들어왔다가 마법처럼 사라지는 장밋빛 영혼에 무아지경에 이른다. 마음도 만 가지 빛깔로 변할 때마다 만 가지 향기를 내뿜는 사람이 되어 보면 어떨까.

오피신 유니버셀 불리 1803
(Officine Universelle Buly 1803) 매장

45 Rue de Saintonge, 75003 Paris
영업시간 | 화-일 11:00~19:00

바람에 향기를 실어 갤러리 페로탱^{Galerie Perrotin} 으로 간다. 페로탱은 프랑스의 대표적인 아트 딜러 엠마누엘 페로탱이 자신의 파리 아파트에 갤러리를 시작한 게 시초였다. 지금은 초대형 갤러리로 성장해 2012년 홍콩, 2013년 뉴욕, 2016년 서울, 2017년 도쿄, 2018년 상하이, 2022년 두바이까지 전 세계를 넘나들며 컬렉터와 작가들의 연결고리 역할을 하고 있다. 그가 데미안 허스트, 필립 파레노 등을 발굴한 사실은 이미 잘 알려져 있기도 하다.[31]

그의 나이 17세에 갤러리 디렉터인 막셀 플레스에게 존 암레더의 그림을 당시 약 6,000프랑에 판매했다고 하니, 그 나이에 나는 무엇을 하고 있었나 웃음이 나왔다.

엠마누엘 페로탱은 항상 예술가들에게 점점 더 많은 자극을 주는 장치를 제공하는 것을 목표로 삼고 있다는 멋진 사람이다. 몇 해 전부터 우리나라 젊은 컬렉터들도 미술품 시장에 많이 뛰어드는 것을 보면, 예술에 대한 심미안이 밝아지는 것이 보인다. 아는 만큼 보이는 법이라고 올해는 FIAC**, 파리 플러스 파 아트바젤에 가면 어떤 또 다른 시선을 얻게 될까. 내가 좋아하는 색을, 취향을 가지고 한번 방문해 봐야겠다.

** Foire Internationale d'Art Contemporain, 매년 파리에서 열리는 국제 현대 미술 전시회.

갤러리 페로탱(Galerie Perrotin)

76 Rue de Turenne, 75003 Paris
운영시간 | 화-토 10:00~18:00

발걸음이 닿는 대로

france

귀스타브 모로 박물관
(Musée Gustave Moreau)

14 Rue Catherine de la
Rochefoucauld, 75009 Paris
운영시간 | 월, 수-일
10:00~18:00

구름 사이로 가려져 별도 쉼을 원하는 날. 눈을 뜨자마자 쌉싸름한 레드와인 한 모금이 간절하게 생각나는 날. 가넷의 적색 빛이 매혹적으로 몸을 감싸 안는다. 귀스타브 모로의 색채가 나에게는 마치 레드와인 같다.

귀스타브 모로는 19세기 화가로 고대 그리스 로마 신화의 이야기들을 중점적으로 그려 냈다. 인간의 번민과 고통, 이상적인 영웅상 등을 상징적으로 표현함으로써 상징주의를 대표하는 인물로 손꼽힐 뿐만 아니라 후에 나타나는 표현주의에 결정적인 동기를 주게 된다. 〈오이디푸스와 스핑크스*Œdipe et le Sphinx*〉(1864), 〈오르페우스*Orphée*〉(1865), 〈헤롯 앞에서 춤추는 살로메*Salomé dansant devant Hérode*〉(1876) 등이 잘 알려져 있다. 상징주의는 19세기 후반 시작되었다. 인간의 내적 감정을 강조하고, 내면에 응축되어 있던 자아를 상징적이며 우의적인 이미지로 드러내는 것이다.

귀스타브 모로는 파리 건축가의 아들로 태어났다. 그는 1844년에 신고전주의 화가 프랑수아 에두아르 피코의 화실에 들어간 뒤 예술학교*École des Beaux-arts*에 입학한다. 테오도르 샤세리오와 외젠 들라크루아에게 많은 영향을 받았다. 1857년에서 1859년까지 약 2년간 이탈리아를 여행하며 그림의 주제를 역사와 신화에서 찾기 시작했고, 후에는 자신의 화풍을 대표하게 되었다.[32] 보이는 대로 읽히는 것이 그의 매력이라 어릴 적 그리스 로마 신화를 좋아했던 사람이라면 누구나 쉽게 다가갈 수 있을 작품들이 많다.

1892년 파리 예술학교의 미술과 교수로 초빙되어 앙리 마티스, 조르주 루오 등의 화가들을 길러낸 것을 보면 그의 영향력을 알 수 있다.

귀스타브 모로의 유언에 따라 그가 부모님과 함께 거주하던 파리 9구의 '14, rue de La Rochefoucauld'에 위치한 집은 국가에 기증되어 5,000여 점의 작품을 소장한 박물관으로 사람들을 맞이하고 있다.

"나는 내 예술을 너무 사랑해서 나 혼자 할 때만 행복할 것이다
(J'aime tant mon art, que je ne serai heureux que quand je le ferai pour

moi seul)."라는 말을 남긴 사람. 19세기 그의 영혼이 영원히 숨 쉬고 있는 것 같은 공간을 조용하게 사색해 본다.

얼마나 시간이 흐른 걸까. 색채로 온몸을 휘감았던 시간을 마무리하며 나왔다.

　두 발로 밟고 있는 이곳은 누벨 아텐 지구 _La Nouvelle Athènes_ . 사우스 피갈 _South Pigalle_ 의 약자 'SOPI'라고 불리기도 하는데, 파리의 멋을 논하려면 꼭 알고 있어야 하는 곳이다.

　노트르담 드 로레트 _Notre-Dame de Lorette_ 와 피갈 사이에 뻗어 있는 곳에 19세기 초 재무부 장관이었던 오귀스탱 드 라페이리에르와 건축가 콘스탄틴이 힘을 합쳐 이탈리아와 그리스 스타일의 주택들을 건설하면서 예술들이 모여들기 시작했다. 귀스타브 모로, 외젠 들라크루아,

조르주 상드, 알렉상드르 뒤마, 클로드 모네, 프레데리크 쇼팽 등 당대 낭만주의 엘리트들이 거주하면서 오스만식 건물의 추세에 반대하고 고대 예술에서 영감을 받은 신고전주의 건축물을 선호하기로 결정하면서 신 '아테네'의 이름이 붙여진 것이다.[33]

카페 드 라 누벨 아텐Café de la Nouvelle ATHENS의 분위기를 상상하며 길을 걷는다. 에두아르 마네의 〈자두La Prune 〉(1877)와 에드가 드가의 〈카페에서, 압생트Dans un café, l'Absinthe 〉(1875-1876)는 낭만적 분위기를 한층 끌어올린다. 그러다 보면 낭만주의 박물관Musée de la Vie romantique 에 도착하는데, 그 자체로 19세기로의 회기다.

이곳의 주인은 네덜란드 태생이지만 주로 프랑스에서 활동했던 화

낭만주의 박물관(Musée de la Vie romantique)

16 Rue Chaptal, 75009 Paris
운영시간 | 화-일 10:00~18:00

가 아리 셰퍼였다. 앞서 말했던 조르주 상드, 프레데리크 쇼팽, 외젠 들라크루아 같은 대문호들이 이곳의 문지방이 닳도록 드나들었다고 한다.[34] 프랑스식 0층인 (우리나라로 치면) 1층에는 조르주 상드를 위한 공간으로 18세기와 19세기의 초상화, 가구, 보석류가 전시되어 있다. 한층 올라가면 아리 셰퍼의 그림과 그의 조카사위 에르네스트 르낭의 작품이 눈길을 끈다. 아리 셰퍼가 손을 번쩍 들어 왜 이제야 왔냐며 와인 한 잔을 내주면서 반길 것만 같다.

작품이 눈에 들어오지 않는 날에는 책 한 권을 들고 햇살을 느끼며, 흐린 날에는 빗방울이 두드리는 노랫소리에 고개를 까딱거리며 창가에 앉아 있기만 해도 방해하는 이가 없다. 식물에 둘러싸여 불어오는 바람을 맞으면 이곳만의 비밀 세계로 안내된다. 장미 향이었을까, 데이지 향이었을까. 호기심 가득한 마음의 문을 열면 작은 식물원 온실 속에 들어와 있는 것만 같은, 로즈와 장 샤를 카라리니의 로즈 베이커리 Rose bakery도 만날 수 있다. 이곳은 영국인 로즈 카라리니가 남편의 나라 프랑스에 영국 음식을 소개하고자 오픈한 파리의 유기농 베이커리다.[35] 봉 마르셰 백화점 Le bon marché, 메종 드 발자크 Maison de balzac, 프랑스 국립 도서관 Bibliothèque Nationale de France - Richelieu, 주 드 폼 국립미술관 Jeu de Paume, 그리고 파리 이곳 낭만주의 박물관까지 무려 7개의 지점에서 만날 수 있다. 제과 제빵의 나라 프랑스에서 많은 경쟁자들과의 달리기 속 영국식 디저트의 성공을 이끌어 냈다.

포슬포슬하며 가벼운 식감의 당근 케이크와 스콘, 파운드케이크가

로즈 베이커리(Tea Salon Rose Bakery)

16 Rue Chaptal, 75009 Paris
영업시간 | 화-일 10:15~17:15

카페 피갈(Café Pigalle)

7 Rue Frochot, 75009 Paris
영업시간 | 월-금 8:00~18:00
　　　　 | 토-일 9:00~18:00

손짓한다. 가끔 이런 밀도와 부스러짐이 그리워지는 때가 있다. 원재료가 좋고 기본을 잘 지키면 맛은 답이 정해져 있다. 자연과 어우러짐을 중시하는 영국식 정원이 떠오르는 맛이라 표현하고 싶다.

음료는 카페 누아제트*Café noisette*를 주문한다. 누아제트는 헤이즐넛이라는 뜻이지만, 실제 헤이즐넛 시럽이 들어가지는 않는다. 에스프레소에 우유 한 방울을 탄 모양새가 헤이즐넛색을 띠고 있어서 붙여진 이름이다. 들어가는 우유의 양에 따라 달라지는 이름들에 맞추어 변주곡이 진행되는 게 다채로워 즐겁다. 아기자기한 곳에서 귀엽고 동화 같은 커피 한 잔이 쾌감을 선사한다. 이 공간의 공기가 따스하고 동글동글하게 느껴진다. 어느 곳에서도 의미와 이유를 찾는 일은 꽤나 중요하다. 기대감이 만족감으로 바뀌고, 새로운 시선을 선사해 주니 말이다.

걷다 보면 핸드폰 배터리가 삐빅 밥 달라는 소리를 낸다. 이때 충전기에 핸드폰을 꽂아 두고 쉬어 가기 좋은 카페 피갈*Café Pigalle*이 있다. 프랑스 카페는 한국처럼 자리마다 콘센트가 없다. 이미 100여 년 이상 된 건물에 전기공사를 하는 일이 수월하지 않은 이유도 있고, 수많은 파리 문학이 카페에서 탄생했듯 대화 중심의 생활 패턴 때문이기도 하다. 무거운 보조 배터리를 항상 챙겨 다녀야 하는 이유다. 물론 정말 급한 경우 직원에게 충전을 부탁할 수도 있지만, 그사이 일어나는 도난에 대한 책임은 매장에서 지지 않으니 리스크는 본인이 온전히 떠안아야 한다.

그리고 한국과 다르게 전기세가 굉장히 비싸기도 하다. 가정용 전기세 비율은 체감상 2배 가까이 차이 나고, 사업장도 별반 다르지 않다. 프랑스의 전기세 징수가 독일이나 다른 유럽에 비해 혹독한 편은 아니라고는 한다. 그러나 2023년 원자재 가격 상승과 더불어 에너지 위기로 빵집의 전기 요금이 8배~10배까지 폭등해 문을 닫는 업체들이 늘어 제빵사들이 거리로 나섰고, 정부에서 다양한 지원 계획을 내놓으면서 수그러들었다.[36] 월 1,600유로였던 전기세가 16,000유로까지 뛰어오르는 상황은 청구서가 나오는 날을 두려워하게 만들만 하다. 2023년 프랑스의 인플레이션율은 4.9%에 도달할 정도[37]이니 혀를 내두르게 된다. 이렇게 어마무시한 전기세 폭탄이 터지고 있는 요즘, 카페 피갈이 콘센트를 제공한다는 것 자체에 감사하다.

또한, 인스타그램이나 핀터레스트에서 많이 봤을 법한 외관과 상냥한 파리지엔느 바리스타가 반겨 주어 자주 걸음하게 하는 곳이다. 가끔은 노트북 사이로 토론하는 대학생들의 대화를 엿들으며 MZ세대의 단어를 귀동냥으로 배우기도 한다. 관광객이라면, 바로 옆 건물에서 르 피갈 *Le Pigalle* 이라는 호텔을 운영하고 있으니 몽마르트르를 온전히 느끼고 싶다면 하루 묵어 볼 수도 있겠다.

아주 작은 공간이지만, 피갈 지구의 강렬함을 집약적으로 잘 담아낸 공간이다. 노란빛 조명이 분위기를 아늑하게 조성해 준다. 조금 더 풍성한 맛을 위해 라테를 주문했다. 삶과 예술을 사랑하는, 관습에 얽매이지 않은 자유로움의 상징 몽마르트르를 걸어 올라갈 힘을 보충하면서 말이다. 생동감 넘치는 맛이 더해진 어여쁜 작품이 미끄러지듯 내 앞으로 서빙된다. 입술에 여러 번 닿는 동안 라테 아트가 혼합되어 뭉그러진다. 힘을 뺀 모양새가 더 어여쁘다. 귀하고 귀한 맛이다. 가방

속 깊숙이 챙겨 두었던 읽다 만 책 한 권을 꺼내어 든다. 이 공간에서는 한 줄이라도 더 읽어 내려가야 할 것만 같다. 흰 종이 위의 음표 같은 글자들이 머릿속으로 들어와 춤을 춘다. 마음 한 조각을 위로해 주는 한 모금이다. 디테일을 더하고 더해 빽빽하게 채워 넣는 것이 아닌, 비움의 미학이 바로 진정성을 첨가한 완성이라는 생각을 했다.

몽마르트르(Montmartre)

75018 Paris

몽마르트르에 왔다면, 몽마르트르 박물관*Musée de Montmartre*을 빼놓을
수 없다. 17세기에 지어진 마을에서 가장 오래된 주택 중 하나였는데,
1960년에 박물관으로 처음 문을 열었다. 19세기 예술가들의 혼이 담
겨 있는 곳으로, 오귀스트 르누아르의 〈물랭 드 라 갈레트의 무도회*Le
Bal du moulin de la Galette*〉(1876)가 완성된 곳이기도 하고, 수잔 발라동의 작
업실로 사용되기도 하였다.[38]

이곳에 서서 파리에 남은 마지막 포도원인 클로 몽마르트르*Clos
Montmartre*를 내려다보고 있자면, 그 옛날의 포도밭으로 가득했던 파리
가 눈앞에 펼쳐지는 듯하다.

박물관은 2개의 건물과 정원이 펼쳐져 있으며 상설 전시와 특별전
으로 나누어 구성된다. 놓쳐서는 안 될 곳은 수잔 발라동의 작업실이
다. 그녀는 평생을 몽마르트르에서 숨 쉬었는데, 서커스 곡예사로 활
동하다가 15세의 어린 나이에 공중그네에서 떨어져 허리를 다치는 바
람에 1년 만에 서커스를 그만두고 모델로 일하게 된다.

발라동은 1880년부터 1893년까지 피에르 오귀스트 르누아르와 앙
리 드 툴루즈 로트를 포함해 당시 몇몇 화가들의 모델이 되었다. 정규
미술 수업을 받을 자금적 여유는 없었지만 주변 화가들을 주의 깊게
관찰함으로 붓을 들었고, 절친한 친구이자 멘토인 에드가 드가를 통해
드로잉 기술을 배울 수 있었다. 모델에서 예술가로의 화려한 변신이
시작된 것이다.

그녀는 1920년대에 명성의 정점에 올랐고, 일생 동안 네 번의 주요

몽마르트르 박물관(Musée de Montmartre)

12 Rue Cortot, 75018 Paris
운영시간 | 매일 10:00~19:00

회고전을 열었다. 발라동은 그림과 판화를 통해 표현의 자유로 여성
누드 장르를 변화시켰다. 그림 밖으로 걸어 나와 자유롭고 찬란한 삶
을 영위했던 그녀의 삶을 엿보는 일은 행운이다.

박물관 안의 르누아르 정원 *Les jardins Renoir* 은 1875년부터 2년간 머물
렀던 르누아르의 찬란한 빛깔을 머금고 있다. 또, 최초의 카바레였던
르 샤 누아 *Le Chat Noir* 의 역사도 엿볼 수 있다. 몽마르트르의 흑백 서사
부터 컬러풀한 현대까지 시선이 닿는 곳곳마다 아름다움이다. 달콤한
미소와 친절한 눈빛에 나도 모르게 내 안의 창문을 활짝 열고, 스케치
하게 된다. 시간이 흐르는 것에 감사하게 되는 순간들이다.

알 생 피에르(Halle Saint Pierre)

2 Rue Ronsard, 75018 Paris
운영시간 | 월-금 11:00~18:00
| 토 11:00~19:00
| 일 12:00~18:00

알 생 피에르*Halle Saint Pierre*도 지난다. 이곳은 뮤제 다트 브뤼*MUSÉE D'ART BRUT*라고도 불리는데 서점, 갤러리, 전시회, 카페를 한꺼번에 만날 수 있는 박물관이자 복합 문화 공간이다. 이곳은 날것의 예술을 만날 수 있다는 표현이 딱 어울린다. 몽마르트르 언덕을 바라보는 유리 지붕과 금속 철제 프레임은 발타르 스타일로, 파리 중앙 시장*Halles de Paris*을 건설한 것으로 유명한 건축가 빅토르 발타르의 제자가 빅토르 발타르만의 스타일로 1868년에 건설했다. 에밀 졸라의 소설《파리의 배》에서 이름을 딴 것으로 잘 알려진 알 드 파리*Halle de Paris* 건물은 철거되었지만 그 모습이 어땠는지 가히 짐작해 볼 수 있겠다.[39]

밤이 다가오고 있을 때, 아름다운 지붕을 만나러 갤러리 비비엔*La galerie Vivienne* 으로 향한다. 지붕이 있는 통로인 파사쥬*Passage* 는 19세기 초에 유행했으며, 악천후, 진흙, 거리에서 생겨날 위험으로부터 보호받으면서 쇼핑을 할 수 있었다.[40] 1823년, 법무사 회의소 회장인 매트 막슈는 건축가 프랑수아 자크 드라누아에게 화려한 갤러리 비비엔을 지을 것을 요청한다. 초창기엔 갤러리 막슈*Galerie Marchoux* 라고 불리다가 이 갤러리가 비비엔 거리와 작은 들판 거리를 연결하고 있어 1826년 개장하면서 갤러리 비비엔으로 이름이 변경되었다.

성공의 이유는 무엇보다도 왕궁 갤러리에 쉽게 접근할 수 있기 때문이었다. 바닥 장식이 상당히 특이한데, 오페라 가르니에*Opéra Garnier* 를 장식한 이탈리아 출신의 프랑스 모자이크의 대가 지안도메니코 파치나가 제작한 작품이다.

갤러리 비비엔(La galerie Vivienne)

4 Rue des Petits Champs, 75002 Paris
영업시간 | 매일 8:30~20:00

팔레 루아얄
(Domaine National du Palais-Royal)

8 Rue de Montpensier, 75001 Paris
운영시간 ㅣ 매일 8:00~20:30

　　루이 14세가 그의 형제에게 하사한 팔레 루아얄*Domaine National du Palais-Royal*은 1692년부터 혁명까지, 그리고 다시 왕정복고 기간까지 오를레앙 가문의 파리 거주지였다. 1780년에 샤르트르 공작 루이 필립 도를레앙이 소유주가 되면서 공간이 새롭게 탄생했다. 빚이 많고 낭비가 심했던 그가 팔레 루아얄 정원을, 편안한 수입을 얻을 수 있는 거대한 부동산 사업장으로 바꾼 것이다. 1784년 창설부터 파리, 지방, 유럽 전역에서 사람들이 몰려들어 사기꾼, 도박꾼, 지식인, 예술가, 언론인 등 사람이 바글바글했다. 그래서 왕궁 근처 지역에서는 한 파사쥬 통로에서 다른 통로로 이동하려면 15분 이상 기다려야 하는 경우도 있었다고 한다. 1830년에 매춘이 규제되고, 1836년 도박장이 폐쇄되면서 쇠

퇴의 길을 걷게 된다. 백화점의 등장과 함께 명품 매장은 당시 유행했던 샹젤리제와 마들렌 거리로 이전했고, 불씨가 꺼져 갔다.

2016년, 1960년대 패션 부티크를 설치한 장 폴 고티에를 시작으로 파리 시청이 이곳을 보존하고 복원하는 데 참여해 비비안 갤러리의 웅장함 회복에 크게 기여했다.

한 발자국씩 걷다 멈추며 1826년에 설립된 주솜 서점 *Librairie Jousseaume* 에 들어선다. 이곳에서는 18세기부터 21세기까지 출간된 특별한 서적을 만날 수 있다. 에밀 졸라, 루이 아라공의 흔적을 찾아볼 수도 있다. 1880년에 문을 연 까브 르그랑 피 에 피스 *Caves Legrand Filles et Fils* 에서 소규모 생산자들의 노력의 결실인 와인을 만날 수도 있다. 이곳에서는 천천히 걸어야 한다. 이 모든 것을 지나쳐 빠른 걸음으로 걷기에는 너무 아쉽지 않은가. 파리를 사색하고 걷는 일은 정말 시간 가는 줄 모른다.

주솜 서점(Librairie Jousseaume)

45-46-47 Gal Vivienne, 75002 Paris
영업시간 | 월-토 11:00~19:00

울트라모드 잡화점
(Ultramod Mercerie Paris)

4 Rue de Choiseul, 75002 Paris
영업시간 ㅣ 월-금 10:00~18:00
ㅣ 토 14:00~18:00

1800년대 이야기를 할 때 이곳을 빼놓으면 섭섭하다. 그 시대 패션의 집합소랄까. 바로 1832년 문을 연 울트라모드 잡화점 *Ultramod Mercerie Paris*이다. 알리바바의 동굴이라고 불리는 이곳은 모자 가게로 시작됐다. 패션에 따라 진화하는 것이 액세서리이니 하루에도 5~6벌씩 실내용, 산책용, 오페라용, 나들이용 드레스를 나눠 갈아입던 그 시대에 모자 사업도 덩달아 흥했을 것이다. 모양부터 소재, 안감, 장신구 등 골라야 할 것이 한두 개가 아니었을 테니 말이다. 시대의 흐름을 반영해 고객층을 보다 넓혀야 했기에 1920년에는 실크, 벨벳, 레이스 등 다채로운 천과 리본, 단추, 형형색색의 실, 바늘 등을 취급하는 2호점 격인 잡화점까지 손을 뻗어 확장한다.[41]

수많은 귀부인들의 까다로운 취향을 반영이라도 하듯 눈이 호강한다. 삐걱이는 나무 바닥 소리를 들으니 잡담도 세련되고 우아하게 나누는 그 시절 마담들의 말소리 같다. 대형 생산된 제품들뿐만이 아니라 19세기~20세기에 멈춰 있는 소량 생산 제품들까지 진짜 중의 진짜만 모아 놓은 곳이다. 패션은 빠르게 진화한다지만 그 주기는 돌고 돈다. 아름다움을 바라보는 눈은 시간에 따라 변화하지만, 그 가치는 영원하다. 시간 속 이야기를 재잘재잘 들려주는 19세기 단추를 하나 사서 셔츠의 단추를 바꿔 끼운다. 겨울이 오기 전에 내 두상에 꼭 맞는 맞춤 모자를 주문하러 다시 와야겠다. 누구든 파리에 오래 머무른다면, 장인의 손길로 탄생한 이 아름다운 오브제가 탐이 날 것이다.

어두컴컴해져서야 집으로 돌아가는 발걸음도 못내 아쉬운 하루하루다.

마음에 담는 파리

france

갤러리 디올
(La Galerie Dior)

11 Rue François 1er, 75008 Paris
운영시간 | 월, 수-일
　　　　11:00~19:00

빨주노초파남보. 무지개가 짠 나타나 주면 좋을 날이다. 하늘과 땅 사이를 경이로운 색색으로 연결해 주어 저 건너편 세계를 만질 수 없지만 느낄 수 있었으면 하는 그런 상상에 상상을 더해 본다. 감미로움이라는 단어에 작사 작곡을 하고 싶어지는 순간 클래식 영화를 한 편 틀어 볼까 하다가 살아 숨 쉬는 클래식, 디올을 만나러 가기로 했다.

1946년, 전 세계인이 열광하는 디올이 이곳 30 Avenue montaigne에 문을 열었다. 1947년 2월, 디올은 여성성과 즐거운 예술로의 회귀

를 축하하며 첫 번째 컬렉션을 성대하게 열었다.[42]

꽃잎을 주제로 한 코롤*과 8**이라는 두 가지 라인을 중심으로 여성성을 강조하며 우아하고 가벼운 스타일을 풀어냈다. 당시 패션 잡지 〈하퍼스 바자〉 편집장이었던 카멜 스노우는 "It's quite a revolution, dear Christian! Your dresses have such a New Look !"이라는 말을 남겼다. 대서양 전역의 언론에 '뉴 룩'이라는 단어가 도배되고, 뇌리에 박힌다. 2차 세계대전이 끝난 지 2년 만인 시점이라 화려한 자수와 소재, 원단 낭비로 논란의 중심이 되기도 했지만 끝내 인정받았다. 오늘날까지도 디올은 파리 패션의 부활을 상징한다.

디올의 제품군에는 별 모양 장식과 숫자 8이 많이 사용된다. 크리스찬 디올을 창립할 때 투자자인 섬유 사업가 마르셀 부삭을 만나러 가는 길에 포부르그 생토노레 거리에서 우연히 별을 발견하게 되는데, 이것을 운명의 징조라고 받아들였다고 한다. 숫자 8도 그가 좋아하는 숫자라 파리 8구에 위치한 장소로 첫 매장을 선택했다. 오픈 날짜도 1946년 10월 8일, 첫 번째 컬렉션 이름도 숫자 8이다.

---

* Corolle, 허리 아래로 넓게 퍼지는 종아리까지 오는 스커트가 대표적 형태.
** En Huit, 허리선을 좁히고 골반을 강조한 베스트 바(Vest bar) 재킷이 대표적 형태.

디올의 이야기를 전부 만날 수 있는 곳이 바로 갤러리 디올이다. 2,000㎡의 면적에 13개의 공간으로 나누어져 있어, 흐름의 미학을 느끼며 관람할 수 있다.

디올의 생애부터 마법에 걸린 정원을 지나 디올의 매력에 퐁당 빠지기도 하고, 디올이 작업하던 공간을 살며시 엿보기도 한다. 예술적 영감을 주고받으며 남긴 작품들과 그가 의상들에 어떻게 생명력을 불어넣는지 알 수 있다. 디올이 사랑한 파리, 매혹적인 금빛 세상, 18세기를 사랑할 수밖에 없는 이유, 꿈이 현실이 되는 무도회, 세련미와 현대성이 깃든 액세서리, 미스 디올의 탄생, 디올에 매료되었던 스타들까지 돌아본다. 이브 생 로랑, 마크 보앙, 지안 프랑코 페레, 존 갈리아노, 빌 게이텐, 라프 시몬스, 마리아 그라치아 치우리를 만나 변하는 디올을 보는 재미도 있다. 약 450점의 드레스와 3D 프린터로 구현해낸 1,420여 개의 미니어처 오브제로 가득한 나선형 계단을 빙글빙글 걸어 내려오는 길은 황홀하기까지 하다. 모든 전시를 보고 나면 진정한 오트쿠튀르 _Haute Couture_ 란 이런 것이구나 끄덕이게 된다.

디올 뉴 룩 컬렉션의 영감은 호텔 플라자 아테네 _Hôtel Plaza Athénée_ 웨이터의 의상인 검은색 바지, 몸에 딱 맞는 흰색 재킷에서 왔다고 한다.[43] 1913년부터 시작되어 2023년 부로 110주년을 맞은 호텔 플라자 아테네에서 어떤 영감을 받았을까 궁금해졌다.

호텔 플라자 아테네(Hôtel Plaza Athénée)

25 Av. Montaigne, 75008 Paris

호텔을 상징하는 붉은 제라늄에도 이유가 있다고 한다. 미국인으로 귀화한 독일 배우이자 가수인 마를렌 디트리히와 프랑스 배우 장 가뱅의 사랑이 그 시작이다. 둘은 열렬히 사랑했지만, 1943년 나치의 침공으로 장 가뱅이 입대하면서 이별하게 된다. 마를렌 디트리히는 그와 함께 플라자 아테네에서 보낸 시간을 기억하며 1962년에 호텔 바로 맞은편인 '12, Avenue Montaigne'로 이사했다. 그녀는 1992년 사망할 때까지 그 자리를 지켰다고 한다. 또한 두 사람의 사랑을 기억하기 위해 호텔 컨시어지에게 객실 발코니를 빨간 장미로 장식해 줄 것을 요청했다. 물론 이제는 장미보다 저항력이 강한 제라늄으로 대체되었지만, 불꽃 같았던 둘의 사랑이 이곳에 머무는 이들에게도 마법 가루처럼 뿌려질 것이다.

1999년부터 총괄 디렉터 자리에 프랑수아 들라예가 자리한 뒤로는 2000년에 알랭 뒤카스를 영입해 1년이 채 되지 않아 미슐랭 3스타를 획득하며 21년간 자리를 지켰다. 파티시에 크리스토프 미샬락을 영입해 15년간이나 함께하기도 했다. 1913년 택시를 부를 때 사용하던 호루라기, 유명 고객의 편지, 와인 한 병과 은식기, 호텔 사진이 담긴 아이패드 등 100년 역사를 담은 가방을 레스토랑과 정원이 이어지는 대리석 바닥 어딘가에 숨겨 놓았다. 시간이 흘러 우리가 18, 19세기를 추억하고 그리듯 미래에도 가방을 열어 보며 그럴 것 같아 기분이 묘하다. 패션계의 동맥과도 같은 몽테뉴가*Avenue Montaigne*이기에 〈섹스 앤 더 시티〉, 〈악마는 프라다를 입는다〉, 〈에밀리 파리에 가다〉 등 패션 영화 촬영지나 오트쿠튀르의 무대가 되기도 하고, 패션계와 관련된 행사장으

로 꾸며지기도 한다.[44]

화려하고, 강렬하지만 부드럽게 어루만져 주는 곳에서 앙젤로 무사의 디저트와 함께 차 한잔의 잔잔한 시간을 보내 본다. 앙젤로 무사는 2년 주기로 50개 국가 대표들이 모여 펼치는 세계 제과 월드컵 *Coupe du Monde de la Pâtisserie* 에서 2003년에 우승했고 2007년 MOF를 취득했다. 그는 바닐라와 쇼콜라를 아주 감각적으로 표현한다. 2016년부터 플라자 아테네에서 인사하고 있는데, 질감과 조합, 향취의 절제미의 고급스러움을 맛볼 수 있어 추천한다. 맛과 시각적인 측면 두 가지를 추구하지만 가장 중요한 것은 '훌륭한 맛!'이라 단호하게 이야기하는 앙젤로 무사의 디저트는 과학과도 같다.[45]

제과의 특별함은 풍성하고 풍부하며 우아한 한 접시에 담긴 이야기를 풀어 나가는 것에 있다. 디저트는 정적인 사실의 집합체가 아니다. 재료의 원산지에 따라 달라지는 풍미, 온도나 시간, 습도에 따라 변화하는 식감은 관찰로 시작해 기술화되어 가는 동적 과정인 과학을 꼭 빼닮아 있다. 머릿속 체계를 현실 세계로 꺼내어 온다는 것 또한 신비롭다.

첼로 연주가 귓가를 맴돈다. 생생한 음악과 함께할 수 있는 것이 두 번째 장점이다. '맛있다'고 말하는 기준값이란 무엇일까. 순수한 맛을 지니고 있지만 재료를 아낌없이 쏟아부었다는 느낌이 강하게 든다. 과하지 않아 독보적인 향미가 입안에 즐거움을 준다. 바닐라 디저트가 생각처럼 많이 달지 않아 커피보다는 맛을 증폭시키며 입을 헹굴 수 있는 따뜻한 차와 함께 곁들이는 편이 좋다. 쌉싸름한 우롱차 *Thé wulong*

또는 달콤한 꽃향기가 나는 재스민이 가미된 녹차 *Thé vert au jasmin*가 좋겠다. 과일이 첨가된 디저트나 초콜릿 디저트에는 홍차가 어울린다. 호로록하는 순간 마음에도 일몰이 진다.

이렇게 진하게 디올을 만났으면 이브 생 로랑도 만나야 하지 않겠나. 'YSL' 세글자 만으로도 심장을 뛰게 하는, 패션의 역사에 수많은 '최초'라는 수식어를 남긴 천재를 말이다.

알제리 오랑Oran, en Algérie에서 태어난 이브 생 로랑은 부유한 집안에서 자라 정기적으로 극장이나 오페라 공연을 보러 가는 일이 잦았다. 어머니는 옷을 입는 데 거의 모든 시간을 보냈고, 그는 어머니가 저녁마다 입는 드레스에 매료되었다. 3살 때 어머니의 드레스가 마음에 들지 않으면 울기도 하였다고 하니, 귀여운 천재성이 드러난 것은 이때부터였나 보다.

어머니가 준 오래된 시트 조각과 어머니 드레스에서 잘라낸 직물 샘플들로 인형 옷을 만들어 입혀 인형극을 열기도 했다. 크리스티앙 베라르와 패션 잡지의 일러스트레이션을 보고 그림을 그리기 시작했고, 13세에는 책에 삽화를 그려 넣으며 놀았다고 하니 정말 떡잎부터 다르지 않나.

1953년, 그의 나이 17세에 국제양모사무국이 파리에서 개최한 대회Concours annuel du Secrétariat International de la Laine에 참가하여 드레스 부문에서 3위를 차지하고, 이듬해에는 같은 부문에서 1등을 한다. 파리에 머무는 동안 아버지의 도움으로 〈보그〉 편집장 미셸 드 브뤼노프를 만나며 패션 학교École de la Chambre Syndicale de la Couture Parisienne를 추천받는다. 1954년 가을 파리로 이주한 이브 생 로랑은 브뤼노프에게 패션 일러스트레이션을 보내는데, 그 표현이 디올과 닮아서 충격을 받은 브뤼노프가 이들의 만남을 추진하면서 1955년에 드디어 디올과 합을 맞추게 된다.

약 2년간 디올과 함께 200개의 제품을 창작했고, 상점 장식까지 도맡게 되었다. 이브 생 로랑은 디올이 가르쳐 준 본질에서 자신에게 필요한 씨앗을 발견했고, 나만의 우주를 호흡하는 법을 배웠다고 표현한다. 크리스찬 디올과는 영혼의 단짝임에 틀림없다.

1957년, 디올이 심장마비로 갑작스럽게 세상을 떠나면서 이브 생로랑이 21세의 나이로 디렉터를 맡게 된다. 크리스찬 디올을 위한 이브 생 로랑의 첫 번째 컬렉션이 성공을 거두며 '패션계의 어린 왕자'라는 별명을 얻는다. 1960년까지 6개의 컬렉션을 선보이지만 마지막 컬렉션에서 부르주아적 우아함에서 벗어나 악어가죽 재킷, 터틀넥 등을 만들며 보라색, 검은색을 사용하기 시작해 환영받지 못한다. 그렇게 디올에서의 마지막 작업이 마무리되고, 1960년 알제리 전쟁으로 인해 군 복무를 이행하게 되면서 디올에서 해고된다. 이때 정신적 스트레스에 시달려 다량의 약물을 투여받고, 결과적으로는 약물에 중독된다. 디올을 계약 위반으로 고소해 승소하고, 방법을 모색하던 중 1961년 파트너이자 기업인이었던 피에르 베르제와 함께 미국의 억만장자 맥 로빈슨에게 투자를 받아 패션 하우스의 시작을 알린다. 이때 만들어진 입생로랑의 카산드라 로고는 아직까지도 우리의 가슴을 뛰게 만든다.

1962년 첫 컬렉션을 시작으로 최초의 흑인 모델을 세우기도 했다. 1966년 최초의 여성 턱시도를 선보이고, 1967년에는 최초의 여성 수트를 디자인하며 혁명을 불러일으킨다. 1966년에는 생로랑 리브 고슈 라인, 즉 기성복 라인을 론칭한다. 1974년에는 '5 Avenue Marceau'로 작업실을 옮기며 2002년까지 약 30년간 활발하게 활동한다.[46]

"J'aimerais que dans cent ans, on étudie mes robes, mes dessins." 100년 후에는 내 드레스와 그림을 연구하기를 바란다고 말했던 1992년의 이브 생 로랑을 조금 더 가까이서 만날 수 있는 자리다. 가장 좋

입생로랑 박물관(Musée Yves Saint Laurent)

5 Av. Marceau, 75116 Paris
운영시간 | 화-일 11:00~18:00

왔던 공간은 이브 생 로랑의 작업실이었는데, 당장이라도 담배 한 대를 태우며 나에게 손짓할 것만 같았다. 스케치를 하다가 벗어 둔 안경까지 디테일이 하나하나 살아 있었다. 테이블 아래에 생 로랑의 강아지 무직의 밥그릇을 발견했을 때는 박수가 절로 나왔다. 따로 가림막이 설치되어 있지 않아 때로는 너무 가까이 다가가기 마련인데 그때마다 경보음이 울리니 주의해야 한다. 생 로랑의 세계는 삶 자체가 예술이며, 살아 숨 쉬는 시대의 특별함이다. 사방으로 별빛 은하수가 떨어지는 것 같고 그의 눈빛이 내 심장을 관통하는 기분이 들었으며 인생의 필름이 잠시 멈춘 것처럼 완벽하게 가치 있는 시간이었다.

개선문을 지나는데 빙글빙글 시곗바늘처럼 돌아가는 자동차들을 바라보고 있자니 웃음이 나왔다. 파리에서 처음 운전하면 개선문 회전 교차로에서 빠져나가기가 여간 어려운 일이 아니다. 마치 파리에 빠지면 헤어나올 길이 없는 것처럼 말이다. 그렇게 소더비스 _Sotheby's France_ 로 향한다. 마침 칼 라거펠트의 소장품 경매가 이뤄지고 있다는 소식을 접했기 때문이다.[47]

소더비스는 1744년에 런던에서 시작된 세계에서 가장 큰 예술품 경매장이다. 초기에는 책과 문서를 위주로 시작되었는데, 나폴레옹 보나파르트의 서재가 경매로 붙여지면서 유명세를 더했다. 1967년에 파리와 모나코에 사무실을 열었고, 연간 약 30건의 경매가 진행되고 있다. 이브 생 로랑을 보자마자 칼 라거펠트라니. 이게 무슨 운명의 장난일까. 1954년 개최된 국제양모사무국 대회에서 이브 생 로랑과 공동 1등을 하면서, 2개의 별이라 불리며 끊임없이 함께 패션계의 궤도를 돌던 이가 바로 칼 라거펠트다. 가장 먼저 떠오르는 것은 아이코닉한 포니테일로 묶은 백발의 머리카락, 신비스러운 어두운 안경, 그리고 무엇보다도 딱 맞는 흰색 셔츠다.

그는 피에르 발망의 어시스턴트를 거쳐 1959년 장 파투의 아트 디렉터로 있다가 'prêt-à-porter' 기성복이 등장하기 시작하면서 프랑스, 이탈리아, 영국, 독일에서 프리랜서 스타일리스트로 경력을 쌓았다. 파리에서는 1963년부터 1984년까지 끌로에에서 근무했으며 로마에서는 1965년 펜디의 모피 현대화에 착수했다. 1983년 잠들어 있던 샤넬에 입맞춤하며 30년이 훌쩍 넘도록 늘 신선하게 재해석해 냈다.[48]

소더비스(Sotheby's France)

76 Rue du Faubourg Saint-Honoré, 75008 Paris
운영시간 ┃ 월-금 10:00~18:00, 토 11:00~19:00, 일 14:00~18:00

오페라 의상부터 코카콜라까지 장르를 넘나들며 패션에 한계를 두지 않았던 그의 이념에 박수갈채가 절로 나온다. 그런 칼의 소장품이라니 눈이 반짝반짝 빛날 수밖에 없다. 수많은 스케치부터 사진, 미술품, 현대 오브제와 예술품을 포함하는 폭넓은 세상이 펼쳐졌다. 칼의 취향과 인생을 파노라마처럼 주룩 연사로 본 느낌이었다.

아름다움이란 무엇일까 나름 해석해 보기도 했다. 무엇을 낙찰받지 않아도 그 나름대로, 흘러가는 대로 아깝지 않은 은하수 같은 시간이니 그대로 좋았다. 프랑스 '찐' 부자 할머니, 할아버지들의 외출복과 말투 하나하나, 우아한 손짓을 보는 것도 재미 요소였다.

카멜리아 한 송이를 마음속에 고이 담아 나와서 이 기분을 조금 더 느끼고자 100m만 더 걸어가 본다. 엘리제 궁전 바로 맞은편이라 치안도 굉장히 좋아 잠깐 긴장이 풀리는 순간이기도 했다. 오페라 갤러리 *Opera Gallery* 는 1994년 파리와 싱가포르에서 동시에 문을 연 현대 미술의 종합 선물 세트 같은 곳이다. 파리, 런던, 모나코를 거쳐 서울까지 16곳에서 국제적인 신흥 예술가들과 기존 예술가들의 미를 잇는 연결 고리 역할을 해 주고 있다.[49] 마르크 샤갈, 파블로 피카소, 피에르 술라주 등 이름만 들어도 고개를 끄덕이게 되고 눈빛이 초롱초롱해지지 않나. 앤디 덴즐러, 프레드 에르데켄스를 잘 몰라도 마음에서 마음으로 전해지는 색채는 느낄 수 있으니 어렵게 생각하지 않아도 되어 좋았다. 과거와 현재 그리고 미래를 넘나드는 작가와의 짜릿한 대화로 나만의 취향을 발견하고, 숨통이 트이면서 완벽히 균형 잡힌 하루가 채워진다.

현대의 파리로 가득 채워지는 것도 좋지만, 18세기 파리를 하루라도 맛보지 않는 것은 살짝 아쉽다. 10분만 더 걷기로 한다.

오페라 갤러리(Opera Gallery)

62 Rue du Faubourg Saint-Honoré, 75008 Paris
운영시간 | 월-토 10:00~19:00

콩코르드 광장
(Place de la Concorde)

Place de la Concorde 75008 Paris

콩코르드 광장*Place de la Concorde*에 위치한 쌍둥이 건물이 반긴다. 콩코르드 광장은 파리에서 가장 큰 광장이자 왕의 영광을 기리는 5대 왕실 광장 중 하나로 원래 이름은 루이 15세 광장*Place Louis XV*이었다. 콩피에 뉴 성*Château de Compiègne*의 왕실 거주지, 베르사유의 쁘띠 트리아농*Petit Trianon*, 보르도의 부르스 광장*Place de la Bourse* 건축을 도맡았던 루이 15세의 첫 번째 건축가 앙주 자크 가브리엘에 의해 건설되었다. 프랑스 군주제가 무너지면서 혁명 광장*Place de la Révolution*으로 불리다가 1830년부터 다시 콩코르드 광장으로 명하고 있다.[50]

동쪽 궁전은 왕궁 가구 보관소*Garde-Meuble de la Couronne*로 이용되다가 현재 오뗄 드 라 마린*Hôtel de la Marine* 으로 불리고 있다. 서쪽 궁전은 조폐국*Hôtel de la Monnaie* 으로 사용될 예정이었으나 위치적으로 적합하지 않아 4개의 부지로 분할되어 개인 주택으로 이용되었다.[51] 눈을 사로잡는 곳은 오뗄 드 크리용*Hôtel de Crillon*이다.

먼저 동쪽 궁전 해군부 오뗄 드 라 마린으로 가 본다. 1767년부터 왕실의 가구를 구매, 유지, 관리하는 일을 담당해 볼거리가 아주 많다.

이곳에는 두 가지 대표적인 사건이 엮여 있는데, 하나는 1789년 7월, 혁명이 일어나기 전날 이곳에서 대포를 앗아 간 걸로 알려져 있다. 다른 하나는 1792년 9월에 일어난 보석 도난 사건이다. 40명의 도둑이 1만 개 가까이, 거의 3천만 프랑에 해당하는 귀금속을 훔쳤다고 한다. 아직 회수되지 않은 보물들도 남아 있다 하니 어느 손에 들어가 있을까 궁금하다. 혁명 이후 왕실 가구와 예술 작품들은 경매로 팔리거나 소각되었고, 1799년 해군에서 건물을 인수하여 2015년까지 해군 본부로 사용되었다.[52] 군사 외교의 중심이었기 때문인지 벽난로 뒤에는 도청할 수 있는 비밀 공간이 아직 존재해 벽에 귀를 대어 보는 재미도 있다. 18세기와 19세기 신고전주의 양식의 아름다움을 뽐내는 공간에서 역사의 산증인에게 궁금한 점을 질문해 보면 옛날이야기를 들려줄 것만 같다.

오멜 드 라 마린
(Hôtel de la Marine)

10 Pl. de la Concorde, 75008 Paris

다음은 서쪽 궁전인 오텔 드 크리용*Hôtel de Crillon*이다. 파리에는 2023년 기준 1,601개의 호텔이 있는데, 그 중 '팔라스'는 프랑스 관광청이 부여하는 호텔 인증 마크 중 최고 등급으로, 현재 프랑스 내에 31곳, 파리에 12곳이 있다.[53] 그중 하나가 바로 여기다. 1778년 2월 6일 미국의 독립 선언과 무역 협정에 대한 프랑스-미국의 첫 조약이 체결된 장소이기도 하다. 1788년 프랑수아 펠릭스 드 크리용이 오몽 공작에게서 이곳을 매입하는데, 마리 앙투아네트가 피아노 레슨을 받으러 들르기도 했다고 한다. 물론 1793년 두 사람은 건물 바로 앞에 있는 콩코르드 광장 단두대에서 처형되지만 말이다. 그래서 이 호텔에는 마리 앙투아네트의 이름을 딴 방도 있다. 그 후 건물은 크리용가에 반환되었고, 1904년까지 소유하다가 1909년에 새단장하며 호텔로 탈바꿈한다.

1992년부터 2012년까지 호텔은 〈포브스〉가 2005년 선정한 세계 10대 최고의 파티 중 하나인 연례 패션 행사이자 무도회 발 데 데뷔탕트*Bal des débutantes*의 장소였다. 이 호텔에서 찰리 채플린이 영화 〈도시의 불빛〉을 선보이기도 했으며, 칼 라거펠트의 마지막 프로젝트로 4층을 '21세기의 18세기 해석본'으로 내놓기도 했다. 칼 라거펠트의 고양이인 슈페트 룸도 만날 수 있다.

오펠 드 크리옹
(Hôtel de Crillon)

10 Pl. de la Concorde, 75008 Paris

오멜 드 크리옹 바(Les Ambassadeurs bar)
영업시간 ｜ 매일 17:00~1:00

화려하고 반짝임 가득한 하루의 마무리는 역시 칵테일 한잔이다. 호텔 내부의 바*Les Ambassadeurs bar*는 정치인, 예술가 및 유명 인사들의 만남의 장소였다. 샴페인부터 프랑스 와인, 무알콜 증류주*Spiritueux 0%*, 맥주*Biere*, 강화 포도주*Vermouth*, 위스키, 코냑, 럼, 보드카, 테킬라 등 화려한 라인업을 자랑하고 있다. 특히 파리 지도 위로 주사위를 굴려 메뉴를 선택할 수 있는 시그니처 칵테일은 독특함 그 자체다. 무엇을 마셔야 할지 고민될 때 주사위라니, 정말 아이디어가 넘쳐흐른다. 계절별로 바뀌는 칵테일은 다른 술보다 그 묘미가 두 배이니 이곳에서는 칵테일을 추천한다. 기분을 붕붕 띄우는 데 이만한 것이 있을까.

바텐더와 눈을 마주치다가 칠링 중인 칵테일 글라스에 시선을 담는다. 강력한 액션으로 셰이커에 담긴 혼합된 액체들이 투명한 얼음과 함께 섞여 들어 파도가 부서지는 것 같은 거품을 만들어 낸다. 이만한 처방전을 내주는 의사는 흔치 않다. 원하는 속도로 진통제가 포옹처럼 흘러 들어온다. 깊어 가는 밤, 음악이 흐르고 낭만이 채워진다. 자유의 맛을 만끽하면서 살아있음을 느낀다.

칵테일은 새콤달콤하면서 도수가 어느 정도 있는, 입안을 확 사로잡은 뒤 목 넘김이 깔끔한 것을 좋아한다. 주문이 어려울 때는 시그니처 메뉴 중 내가 좋아하는 맛으로 표현하면 편하다. 예를 들어 커피, 자몽, 레몬 등이 첨가되어 있는지 물어보면서 내 취향의 달콤함을 찾을 수 있고, 시원함을 원한다고 하면 바텐더의 추천을 받을 수 있다. 위스키, 럼, 진, 보드카, 테킬라 중 취향이 첨가된 것을 선택하는 것도 도움이 되겠다. 칵테일의 세계는 무궁무진하다. 조금만 용량이 바뀌어도 새로운 맛이 탄생한다. 문을 열어 둔 채로 여러 재미를 찾아 나간다면 좋겠다. 멋지거나 세련되지 않아도 좋다.

말소리를 타고 흐르는 알코올 때문일까, 시적인 마무리가 되는 곳이다. 꿈속으로 미끄러지듯 빠져드는 것 같다.

콧노래를 부르며

france

메종 라 로슈(Maison La Roche)
8-10 Sq. du Dr Blanche, 75016 Paris

　매일매일 다람쥐 쳇바퀴 돌리듯 하루를 살아 내고 나면 지친 몸을 누일, 푹신하고 아늑한 공간이 주는 안정감이 절실하다. 200년쯤 된 연식의 건물에 살고 있는 지금, 삐걱삐걱 하나둘씩 고장이 나기 시작한다. 불편함을 감수하더라도 아름다움을 택한 나를 탓하면서 신식 건축물로 이사 가고 싶다는 생각이 하루에 10초쯤은 머릿속을 지배하기도 한다. 하루에 한 번씩 부동산 사이트를 꼭 들어갔다 나오기도 하는데, 도대체 이 많은 집 중에 마음에 드는 곳이 하나도 없다.

코에서 한숨 대신 큰 숨을 내보내다가 문득, "집은 거주를 위한 기계(Une maison est une machine à habiter)"[54]라 말했던 르 코르뷔지에가 떠올랐다.

16구를 돌아보는 일은 꽤 우아한 일이다. 파리에서 가장 넓고 녹지가 많아 파리의 초록 허파 구역이고, 문화유산이 밀집한 곳이기도 하다. 쾌적한 환경 덕분에 부르주아 지역이라 불린다. 고요하지만 살아 숨 쉬고 있으며 목가적인, 한국의 평창동이 떠오른다. 이 길을 걷노라면, 감정이 팝콘처럼 팡팡 부풀려지는 것만 같다. 그곳에 숨겨진 오늘의 목적지 메종 라 로슈*Maison La Roche*로 향해 본다.

유네스코 세계유산 목록에 지정된 르 코르뷔지에의 건축물 17곳 중 10곳이 프랑스에 있다. 르 코르뷔지에는 스위스 태생이지만 프랑스로 귀화한 건축가, 도시 계획가, 작가, 화가, 디자이너이다. 시계 제작자 가문에서 태어나 장식 미술 학교를 다녔고, 시계 관련 직업을 갖지만 한쪽 눈으로만 보는 세상이 어려워 포기하고 건축가의 길을 걷게 된다.

그는 1917년부터 파리에 자리를 잡았다. 화가 아메데 오장팡을 만나 함께 도덕적 질서로의 복귀, 사치가 정화된 현대 미술로의 회귀를 제안하는 순수주의를 창시하며 1920년 새로운 영혼, 정신이라는 뜻의 〈에스프리 누보*L'Esprit nouveau*〉라는 잡지를 창간한다. 이때부터 외할아버지 이름의 르 코르베지에*Le corbésier*를 따와 자신을 르 코르뷔지에*Le Corbusier*로 부르기 시작했다.

필로티(les pilotis),
기둥으로 건물을 지지하고 1층은
자유롭게 통과할 수 있는 공간

옥상 정원(le toit-terrasse),
휴식 장소

자유로운 평면(le plan libre),
벽이 건물의 하중을 지지하지
않으므로, 벽은 방을 서로 분리
하는 용도로 층별로 자유롭게
배치 가능

긴 수평 창문
(la fenêtre en bandeau),
전망과 채광을 위함

1923년 사촌 피에르 잔느레와 함께 건축사무소를 열면서 많은 작업물들을 남기는데 그중 한 곳이 이곳, 1920년대 건축물을 대표하는 메종 라 로슈이다.

1923년과 1925년 사이에 지어진 이곳은 철근 콘크리트와 같은 새로운 건축 자재를 사용함으로써 1927년에 정립되는 새로운 건축의 5가지 요소가 미리 녹아 있는 건물로, 은행가이자 현대 미술 수집가인 라울 라 로슈의 요청에 따라 그림 컬렉션을 전시할 갤러리와 개인 아파트의 두 부분으로 나누어 메종 라 로슈와 메종 잔느레 *Maison Jeanneret* 로 설계되었다. 1922년~1925년에는 '이웃 계획 *Le plan Voisin* '이라는 도시 프로젝트를 고안해 주민 300만 명을 수용할 수 있는 십자형 초고층 건물을 세우자고 제안했지만 채택되지는 못한다. 하지만 2차 세계 대전 이후 1946년 재건축 도시 계획부 장관 프랑수아 빌루의 요청에 따라 계획을 개발하고 마르세유시의 유니테 다비타시옹 *Unité d'habitation* 건설을 맡는다.

유니테 다비타시옹은 현대식 아파트의 전신인 17층 337개의 아파트에 식료품점, 레스토랑, 유치원, 헬스장, 수영장 등 각종 편의 시설이 들어선 모습이었다. 미치광이의 집 *La Maison du Fada* 이라는 해괴망측한 별명을 갖기도 했지만, 성공적이었다. 그 이후로도 업적은 계속된다.

세기의 건축가라고 칭송받지만, 늘 논쟁의 중심에서 콘크리트의 과도한 사용과 전통과의 단절로 회자되고 있는 르 코르뷔지에의 도시 계획이 실현됐다면, 지금의 낭만적인 파리는 찾아볼 수 없었을 것이다. 그래도 건물의 구조와 창의 형태를 바라보고 있자니 삶을 위한 공간이

유니테 다비타시옹
(Unité d'habitation)

280 Bd Michelet, 13008 Marseille

주는 오롯한 위로에 벅차오르는 감정을 주체할 수 없었다. 그래 맞다.
집은 경제적 안락함의 표식이자 미래의 안전을 보장하는 상징이 아닌
온전한 쉼터다.

이 사람은 어떤 곳에서 숨 쉬며 삶을 영위했을까 궁금해졌다. 두 번
째 코스로 길을 따라 그가 1934년부터 1965년까지 살았던 아파트로
가 보았다. 당시 전체가 유리로 된 세계 최초의 건물이었으니 아파트
입구에 서서 외관부터 찬찬히 살펴본다. 띵동 벨을 누르면 친절한 목
소리로 환영 인사와 함께 덜컹 문이 열린다.

엘리베이터를 타고 7층으로 올라간다. 세상에서 제일 재미있는 일은 남의 집 구경이다. 마치 집주인이 오기 전에 잠시 미리 들어와 몰래 훔쳐보는 기분이었다. 르 코르뷔지에가 직접 디자인한 가구들과 소장품들을 찬찬히 훑어볼 수 있었다. 독특한 것은 침대가 굉장히 높았는데, 누워서도 불로뉴 숲^{Bois de Boulogne}의 전망을 바라보기 위함이란다. 화장실의 창도 독특한 형태였는데, 여객선 선실에서 영감을 받았다고 하니 재미있었다. 아침저녁으로 흐드러지게 쏟아지는 햇살을 받으며 작업하기를 즐겼다고 하는데, 손끝에 닿는 책장의 감촉에서 그의 온기가 전해졌다. 100년이 가까워져 가는 세월이지만 조금 전까지 사람이 살고 있었던 것 같다. 언젠가는 온전히 나만을 위한, 나에게 주는 선물로

르 코르뷔지에 아파트
(Le Corbusier studio apartment)

4 Rue Nungesser et Coli, 75016 Paris

취향이 듬뿍 담긴 집을 짓고 싶다. 먼저 내면을 건축처럼 단단하게 쌓아 올리는 일부터 시작해 보아야겠다. 제일 처음으로 할 일은 전등에 소복이 쌓인 먼지를 걷어 내는 일부터다.

르 코르뷔지에가 침실에서 바라보는 불로뉴 숲을 사랑했다고 하지 않았나. 그 불로뉴 숲에는 그를 애정하는 프랭크 게리의 걸작인 루이 비통 재단 미술관*Fondation Louis Vuitton*이 항해를 기다리는 선박처럼 정착해 있다. 이미 달아오를 대로 달아올라 후끈후끈해진, 건축에 대한 열기로 가득한 마음에 불씨를 지피는 곳이다.

루이비통 재단 미술관
(Fondation Louis Vuitton)

8 Av. du Mahatma Gandhi, 75116 Paris

전시가 지겹다면 불로뉴 숲에서 피크닉을 해도 좋다. 물론 무작정 걷다가는 약 850*ha*나 되는 옛 왕실 사냥터에서 길을 잃을지도 모르니 방향을 잘 보고 움직여야 한다. 1852년 나폴레옹 3세에 의해 재정비되며 많은 동식물들과 함께할 수 있는 아클리마타시옹 공원*Jardin d'acclimatation*을 돌아보아도 되고, 서울 공원*Le jardin de Séoul*에서 한국을 어떻게 표현해 놓았는지 따뜻한 시선으로 바라볼 수도 있겠다. 쾌활하고 역동적이며 살아 있는 존재들의 모든 것을 오감으로 즐길 수 있다.

눈이 뻑뻑하다. 정말 집중해서 즐겼나 보다. 인공 눈물을 한 방울 떨어뜨려 넣고 잠깐 눈을 감고 있으니 금세 빛과 어둠에 적응한다. 눈

이야기를 하면 클로드 모네를 빼놓을 수가 없다. 보통은 오랑주리 미술관Musée de l'Orangerie을 손꼽지만, 살짝 우회해서 마르모탕 모네 미술관 Musée Marmottan Monet 으로 가면 빛과 색에 집착했던 모네의 삶을 더 자세하게 들여다볼 수 있다.

인상주의란 빛의 일시적인 특성이 색상과 형태에 미치는 영향을 표현하는 것을 칭하는데, 속도와 모호함의 미학을 표현한 모네가 대표 주자라고 할 수 있다. 1840년 파리에서 태어나 노르망디에서 자란 모네에게 빛이란 사랑이었을 것이다. 강렬한 햇살이 내리쬐는 오후, 녹아드는 것 같은 편안함과 영묘함이 교차되는 시점이다. 태양으로부터 숨을 곳이 없다는 것을 알리는 시간은 캔버스를 꺼내 놓기 가장 알맞은 시간이 아니었을까. "빛이 없는 노르망디 사람과는 결혼하는 게 아

마르모탕 모네 미술관
(Musée Marmottan Monet)

2 Rue Louis Boilly, 75016 Paris
운영시간 | 화-수, 금-일 10:00~18:00
| 목 10:00~21:00

니다."라는 현지인들의 우스갯소리가 있을 정도로, 비가 많이 내리는 지역에서 햇살은 축복과도 같은 일이었을 테니 말이다.

이곳은 옛 사냥터이자 별장이었던 건물을 줄 마르모탕이 인수하면서 소장했던 작품들을 아들 폴 마르모탕이 자신의 컬렉션과 함께 프랑스 예술 아카데미 *Académie des beaux-arts* 에 기증하며 탄생했다. 다양한 기부, 후원자들에 의해 각양각색으로 채워진 곳이라 더없이 풍부하게 경험할 수 있다.

특히 모네에게 인상파라는 상징이 붙게 된 대표 작품인 〈인상, 해돋이 *Impression, Soleil Levant* 〉(1872)을 포함해 100여 점의 작품을 감상할 수 있다. 모네의 아들 미셸이 기증한 작품들로 모네의 그림들을 가장 많이 만날 수 있는 장소다.[55] 모네가 백내장에 걸리면서부터 변해 가는 색상 대비나 터치, 반사, 빛의 소용돌이는 어디에서도 만날 수 없었던 진한 감동이었다.

폭풍처럼 휘몰아치는 감정을 잔잔하게 다스리고 싶어, 발자크의 집 *Maison de Balzac* 으로 향했다. 사실주의 문학*의 대가로 불리는 오노레 드 발자크가 7년간 머물며 《잃어버린 환상》,《라 라부이외즈》,《사촌 베트》를 썼고,《인간 희극》의 원고를 수정해 나갔던 파시의 오두막 *La cabane de Passy* 으로 현재는 파리시에서 박물관으로 운영하고 있다.

발자크는 이곳에서 지낼 때 인쇄소 시절 빚진 채권자들을 피하기

* Réalisme, 사물을 있는 그대로 충실하게 표현하려는 문예사조.

위해 하인의 이름을 차용해 브루뇰Monsieur Breugnol이라는 가명으로 지냈다. 자두 시즌이 왔다거나 벨기에에서 레이스 세공품을 가지고 왔다고 하는 등 비밀 코드를 이야기해야 문을 열어 주었다고 한다.[56] 집 구조가 굉장히 독특한데, 3층 구조이지만 비스듬히 경사진 곳에 위치하고 있어 위에서 바라보면 1층만 보인다. 그래서 빚쟁이가 찾아와도 다른 반대쪽 문으로 도망치기 수월했을 것이다.

발자크의 집Maison de Balzac)

47 Rue Raynouard, 75016 Paris
운영시간 | 화-일 10:00~18:00

작품에 몰두할 때는 오후 4시에 가볍게 햄과 달걀, 배와 포도로 식사를 한 뒤 저녁 6시에 잠들어 새벽 1시에 깨어나 50잔의 커피를 마시며 18시간씩 글만 썼다고 한다. 마침표를 찍게 되는 날에는 전식으로 100개의 굴과 4병의 화이트와인을 마시고, 본식으로 갈비, 새끼 오리, 자고새 구이, 노르망디 생선 등 12가지의 요리를 한번에 먹어 치웠다.

그의 이러한 남다른 식욕과 연인에 대한 집착은 사랑받지 못했던 어린 시절에 대한 심리 때문이란다. 에제리*Égérie, 뮤즈*라는 단어를 만들어 낼 만큼 사랑했던, 스무 살도 넘게 차이 난 로라 드 베르니나 400통이 넘는 편지를 보내며 18년을 기다려 쟁취한 에벨리나 한스카를 보면 사랑을 갈구하던 모습이 보인다.[57]

작업에 몰두하는 것이 마치 의무 같지만 그렇지 않다. 끈기와 성실함에서 나오는 열매로 세상을 향해 선물한 발자크의 삶과 그의 글에 푹 절여져 있다가 나온다. 조용한 정원에서 담소를 나누고 있는 노부부의 모습과 뒤에 어우러지는 에펠탑의 광경이 사랑으로 나타난다. 발자크처럼 50잔이나 되는 커피를 마신 것도 아닌데 쿵쾅대는 심장에 괜스레 기분이 묘하다.

에펠탑을 바라보며 센 강을 따라 걸어 본다. 1961년 개관한 파리 현대 미술관*MAM*[58]이 나타난다. 1937년 파리 만국 박람회를 위해 지어진 팔레 드 도쿄*Palais de Tokyo*의 동쪽 건물에 위치하고 있으며 1만 5,000개 이상의 작품들을 만나 볼 수 있다. 20세기 예술의 흐름인 입체파, 초현실주의, 야수파, 파리파, 추상 미술 등을 모두 경험할 수 있

다. 파블로 피카소, 후안 그리스, 앙리 마티스, 알베르토 자코메티 등
의 영구 컬렉션부터 다양한 임시 전시회까지 꽉 차 있다. 어디서 들어
본 것 같은 이름부터 어렴풋이 남아 있는 기억 속 작품들의 향연이 펼
쳐진다. 다리 아플 때 앉아서 들숨과 날숨에 예술을 느끼는 것이 참 매
력적이다. 사람 구경하는 재미도 쏠쏠하다. 열심히 모작하는 학생, 깊
게 감동받아 두 손을 꼭 부여잡고 있는 사람, 한 그림만 30분도 넘게
우두커니 서서 지켜보고 있는 노신사. 그림 앞에서 투명해지고, 변화
하는 생각과 그림자들 사이에서 자유롭고, 신선하게 기분 전환을 할
수 있어 아무런 준비 없이 들러도 좋다.

작품이 눈에 들어오지 않는다면 가만히 앉아 높이 솟은 에펠탑을 바라보며 그 곁을 스쳐 가는 다양한 움직임의 바람 소리만 듣고 있어도 괜찮다. 공간과 사람이 절묘하게 맞닿아 있지만 조용하고 쾌적하다. 피상적 이해에 그칠지라도 반복해서 나의 눈과 귀를 정화시키는 작업은 나에게 주는 환호와 같다.

액자 프레임 너머로 기억되는 예술가들처럼 나의 남은 인생의 캔버스는 어떤 색으로 색칠해 볼까.

행복에 파묻혀

france

퐁다시옹 까르띠에
(Fondation Cartier pour l'art
contemporain)

261 Bd Raspail, 75014 Paris

꽃이 흐드러지게 피고 꽃비가 팔랑팔랑거릴 때, 연인들의 웃음소리
가 끊이지 않는 춘삼월이 어서 오기를 바라는 날이다. 파리의 겨울은
온도는 낮지 않지만 해양성 기후로 습하고, 비가 오거나 안개 끼는 날
들이 잦다. '회색 도시'라는 별명이 괜히 생긴 게 아니다. 이런 날씨가
지속되다 보면 호호 불며 먹는 붕어빵, 꽁꽁 언 두 손을 녹이는 어묵
국물, 따끈한 온돌에서 샛노란 귤을 까먹던 때가 그립다. 이곳에서는
아무리 난방을 켜도 전기 히터로는 코끝이 시리다. 몸도 마음도 움츠

러드는 이때, 퐁다시옹 까르띠에 *Fondation Cartier pour l'art contemporain* 라고 불리는 까르띠에 재단 현대 미술관으로 향했다. 데미안 허스트의 '벚꽃 *Les Cerisiers en fleurs*' 전시가 한창이었기 때문이다.

분홍색, 흰색, 녹색, 주황색, 노란색, 빨간색, 파란색의 모든 색조의 점들이 모여 크고 작은 벚꽃 나무들이 활짝 피어나 있었다. 꽃향기가 나는 것 같았고, 살랑살랑 봄바람이 낯을 간지럽히는 것 같았다. 온전히 계절을 마주하며 태양과 향기로운 골목골목, 지저귀는 명금이 돌아오는 것을 느꼈다. 노래하는 풀잎들에 귀 기울이고, 샴페인 버블처럼 통통 터지는 색종이 조각 빛깔의 꽃봉오리들을 탐한다. 오전 10시 창문을 열어 내다본 안뜰 속 풍경이 눈앞으로 스쳐 지나가며 입안에 봄의 맛이 환호성처럼 펼쳐진다. 딸기, 복숭아, 살구… 아름다운 자연 속에 잦아들어 인생의 화려함과 이면의 지저분함에 몰입되었다. 작가와의 교집합을 찾는 일은 나도 모르게 웃음을 머금게 되는 행위다.

빛을 자유자재로 다루는 프랑스 건축가 장 누벨이 디자인한 건물과 자연이 어우러져서 더 크게 다가오는 듯했다. 규모가 작은 것이 한 가지 아쉬운 점이었는데, 2024~2025년에는 골동품 상인들의 루브르 *Le Louvre des antiquaires* 로 옮겨 간다고 한다.[59] 새롭게 변화할 장 누벨과 까르띠에의 맞잡은 손이 어떤 식으로 재해석될지 궁금하다.

파리가 좋은 이유는 모든 곳을 걸어서, 어디든 갈 수 있다는 점이다. 다리 아프면 잠시 쉬어 갈 공원이 있고, 바로 문을 열고 들어갈 박물관이 있다. 퐁다시옹 까르띠에 맞은편에는 알베르토 자코메티 연구소 *Institut Giacometti* 가 있는 것처럼 말이다.

자코메티 인스티튜트(Institut Giacometti)

5 Rue Victor Schoelcher, 75014 Paris
운영시간 | 화-일 10:00~18:00

자코메티의 조각은 묘한 끌림이 있다. 가느다랗고 기다란 팔다리와
손자국이 그대로 묻어나는 앙상한 몸, 시선을 쫓게 되는 눈. 어쩌면 유
령 같아 보이기도 하고, 괴상망측해 보이기도 한다. 바라보고 있으면
슬퍼지기도, 동화되기도 하는 인간의 존재에 대해 고민해 보게 되는
심오함이 있다. 몽파르나스에 위치한 예술가 폴 폴로의 저택에 그의
작업실을 재현해 놓았다.

석고, 청동 조각, 드로잉 등 약 1만 점에 달하는 작품을 소유하고 있
는데, 현재는 규모가 작아 최대 수용인원이 40명이다. 2026년에는 에
어프랑스 본사이기도 했던 옛 앵발리드역으로 이전할 계획이라고 한
다. 재단 확장과 더불어 학교까지 개교한다고 하니 예술의 역동성을
더 숨 가쁘게 느낄 수 있겠다. 이 작고 알찬 공간이 사라진다고 생각하

니 왠지 아쉽다. 알베르토가 사라지고 알베르토를 붙잡고 싶었던 반쪽 아네트 자코메티의 사랑이 스며들어 만든 결과물이라 그럴 테다.

자코메티의 마지막 작품인 〈로타르 Ⅲ *Lotar Ⅲ* 〉(1965)의 모습을 가만히 바라본다. 숨이 막힐 정도로 고요하고 우직하게, 작업에 몰두하는 자코메티가 떠오른다. 바람에 생명을 실어 불어넣으면 금방이라도 로타르가 깨어날 것 같다.

"조각품은 물건이 아닙니다. 의문이며, 질문이고, 대답입니다. 그것은 완료될 수도 없고, 완벽할 수도 없습니다(Une sculpture n'est pas un objet, elle est une interrogation, une question, une reéponse. elle ne peut être ni finie ni parfaite)."[60] 자코메티는 저 다른 세계에서 꼬리에 꼬리를 무는 질문과 대답을 이어 나가고 있을까.

뤽상부르 공원 *Jardin du Luxembourg* 쪽으로 발걸음을 옮기다 보면 숨겨진 보석이 하나 더 나온다. 오십 자드킨의 자드킨 미술관 *Musée Zadkine* 이다. 좁은 통로를 따라 들어가면 조각으로의 한편의 수채화 같은 산책길이 이어진다.

자드킨과 그의 아내 화가 발렌틴 프락스는 1928년부터 1967년까지 이곳에서 약 40년을 함께 보냈다.[61] 유리 지붕 아래에서 바라보는 계절에 따라 변화하는 생명을 바라보고 있자니 그가 자란 스몰렌스크 *Smolensk* 가 떠오르며, 나무, 돌, 흙, 물 자연의 기본 요소들을 작품으로 탄생시킨 배경지가 궁금해졌다.

뤽상부르 공원(Jardin du Luxembourg)

Jardin du Luxembourg 75006 Paris

자드킨 미술관(Musée Zadkine)

100 bis Rue d'Assas, 75006 Paris
운영시간 | 화-일 10:00~18:00

대표작인 〈파괴된 도시를 위한 기념비 *Torse de la ville détruite* 〉의 모형을 바라보고 있으면 독일의 폭격으로 폐허가 된 로테르담을 발견했을 때 자드킨이 말하는 공포의 외침에 눈이 질끈 감긴다. 그리스 신화의 〈오르페우스 *Orphée* 〉를 보면 아내 에우리디케를 찾으러 지옥의 신에게 찾아가 아름다운 선율을 연주하고 그녀를 되찾았지만, 뒤돌아보지 않겠다는 약속을 어겨 연기처럼 사라진 아내를 그리워하는 오르페우스의 감정선이 파도처럼 밀려오기도 했다. 첫 번째 조각품의 원시주의부터 입체파의 기하학, 신고전주의의 유려한 선, 마지막으로 담고 있는 서정성까지 둘러본다. 아무것도 모른 채 작품을 감상해도 '아, 이렇게 변화하고 있구나' 하고 예술에 흠뻑 젖은 채 흐름을 체감할 수 있는 축복 같은 곳이다.

내면의 질문들 사이사이가 모두 메워지는 것 같다. 초록 비가 미풍처럼 마음에 내려앉는다. 생각을 음미하며 이 비옥한 땅 위를 밟고 서서 '피어난다'는 아름다운 단어에 대해 다시 한번 물음표를 던진다.

이렇게 감미로운 공간을 시에 기증할 수 있는 자드킨의 아내 발렌틴 프락스가 대단하게 느껴진다. 삶에 있어 또 죽음에 앞서 진정한 부란 무엇일까 한 번쯤 돌아보게 되지만, 아직 나는 무언가를 내려놓기에는 욕심이 너무 많다.

이런 욕심쟁이는 사라지지 않는 물욕을 채우려 소품숍 마린 몽타구 Marin montagut 로 신나게 발걸음을 떼 본다. 일러스트레이터이자 감독, 수 집가, 작가, 모험가라고 소개하는 그는 인생이 게임 같다며 살아있는 희귀한 물건들과 아름다운 이야기들을 찾아 풀어낸다.[62] 그가 그린 파리의 비밀 지도를 한 장 사 들고 보물찾기 하듯 도장을 찍으며 거리를 누비는 일도 참 낭만적일 것이다.

매장의 문 앞에는 "모든 종류의 물건을 판매하는 곳(Marchand d'objet en tous genrs)"이라고 써 있는데, 그 문을 열고 들어가면 디자인 문구류, 수채화 그림, 도자기, 향초, 장식품 등 마린의 아파트를 그대로 옮겨 놓은 듯하다.

"나는 당신을 꿈꾸게 하고 어제의 파리로 여행을 떠나게 만드는 매장, 모든 디테일이 차이를 만들어 내는 매장을 만들고 싶었습니다(Je souhaitais créer un magasin qui fasse rêver et voyager dans un Paris d'hier, celui où chaque détail fait la différence)."라는 그의 말에 마음이 달콤한 파스텔톤으로 물들고, 온통 사랑과 섬세함으로 가득 차 있음을 느낄 수 있다.

손끝이 닿는 모든 것이 탄성을 자아낸다. 정말 짜릿하다. 문화를 향유하는 일 또한 나를 돌보는 일 중 하나다. 꼼꼼하게 그리고 아주 영리하게 배치된 작업물들을 살펴본다. 까르르 웃는 소녀들의 목소리가 귀에 꽂힌다. 내 안의 아주 작은 소녀에게 선물해 주고 싶은 것들을 골라본다. 작은 손수건, 유리컵, 엽서… 누군가를 초대할 때 꼭 함께 내어 간직하고 싶은 순간들이다. 머릿속으로 작은 상상의 나래를 펼쳐 본

마린 몽타구(Marin montagut)

48 Rue Madame, 75006 Paris

영업시간 | 월-토 11:00~19:00

다. 작은 손수건 위로 차갑게 칠링한 컵과 음료를 내어야지. 꽃병에는 노란 미모사를 한 다발 꽂아 두고 소중히 아껴 둔 접시를 꺼내어 직접 구워 낸 따뜻함을 선물하는 나의 모습을 말이다.

양손 가득 무겁게 나올 수밖에 없는 유혹이 가득한 공간에서 영원할 파리를 기억해 본다.

생 쉴피스 성당
(Église Saint-Sulpice)

2 Rue Palatine, 75006 Paris
운영시간 | 매일 8:00~20:00

고개를 들어 하늘을 바라보면, 머리 위로 신성한 구름이 드리워지
며 살며시 하늘을 머금은 "기도하고, 사랑하고, 고백하세요(PRIER,
ADORER, SE CONFESSER)" 생 쉴피스 성당*Église Saint-Sulpice*이 엄숙한
자태를 뽐내고 있다. 다리가 아프거나 잠시 숨을 돌리고 싶을 때, 고요
하고 평화로운 성당의 커다란 문을 열고 들어간다. 창으로 떨어지는
작게 부서지는 빛과 특유의 향, 세월의 힘을 입어 윤이 날 정도로 반질
반질한 오르간은 순식간에 마음을 차분하게 만들어 준다. 생 쉴피스

성당은 노트르담 대성당의 뒤를 이어 두 번째로 규모가 큰 성당이다. 12세기에 생 제르맹 _Saint-Germain_ 의 신자들을 더 수용하기 위해 지어져 재건, 확장을 거쳐서 지금의 모습을 갖추었다.[63]

외젠 들라크루아의 프레스코화 〈야곱과 천사의 싸움 _Lutte de Jacob avec l'ange_ 〉(1854-1861), 〈신전에서 쫓겨난 헬리오도르 _Héliodore chassé du temple_ 〉(1854-1861), 〈용을 죽이는 생 미셸 _Saint-Michel terrassant le Dragon_ 〉(1849-1861) 세 점을 감상하는 것만으로도 충만함을 느낄 수 있다.

땅에 비친 그림자로 시간을 알려 주는 대리석 기둥 노몬 _Gnomon_ 을 발견하는 것도 재미있는데, 랑게 드 제르시 신부님에 의해 춘분을 기준으로 부활절 날짜를 계산하기 위해 만들어졌다. 장 밥티스트 피갈의 〈성모와 아기 _La Vierge à l'Enfant_ 〉(1748), 역사적 기념물로 분류된 오르간 등 종교 예술의 끝판왕을 만날 수 있기도 하다.

영화 〈다빈치 코드〉로 한 번 더 인기몰이를 하고 있어 상상의 비행이 펼쳐지기도 한다. 빅토르 위고의 결혼식이 열렸을 때를 그려 보는 일도 좋았다. 자리에서 일어나 성당 앞의 생 쉴피스 분수 앞에서 주교님 4명의 조각상을 바라보며 톡톡 튀어 오르는 물방울이 얼굴을 간지럽히는 것이 기분 좋았다. 교인이 아니더라도 성스러운 공간이 주는 안정감과 평온함이 마음에 들 것이다.

외젠 들라크루아의 작품을 보고 나니 낭만주의의 거장에 대해 조금 더 알고 싶어졌다. 외젠 들라크루아 국립 박물관 _Musée national Eugène-Delacroix_ 이 열쇠일 것 같았다.

들라크루아가 사망하는 1863년까지 거주하며 작업한 공간이다. 생 쉴피스 성당의 벽화를 작업할 때 성당과 노트르담 드 로레트에 위치한 작업실이 너무 멀었던 탓에 작업실을 성당에서 가까운 생 제르맹 망데 프레 수도원 별채 건물 _Du palais abbatial de Saint-Germain-des-Prés_ 의 일부였던 이곳 으로 옮겨 왔다.

독특한 점은 들라크루아의 삶이 끝난 이후 재개발 계획으로 이 공 간이 사라질 위기에 처했을 때 1920년대 가장 위대한 예술가들이 모 여 그에게 경의를 표하기 위해 들라크루아 후원회를 만들어 박물관을 설립했다는 것이다.[64] 그림, 데생, 동판화, 원고 등 화가가 사용하던 사 물들을 전시하였고, 현재는 루브르 박물관에 예속되어 있다.

그는 신화나 고대의 문학에서 영감을 받아 현대 사건을 다룬 최초 의 사람 중 한 명이었다. 1822년 24세의 나이에 〈단테의 보트 _La barque de Dante_〉(1822)라는 작품으로 살롱에 화려하게 데뷔해 열정을 그려 나 갔고, 1831년 발표한 〈민중을 이끄는 자유의 여신 _La Liberté guidant le peuple_〉(1830)은 전설이 된 작품 중 하나다.

"그림의 첫 번째 장점은 눈을 즐겁게 하는 것입니다(Le premier mérite d'un tableau est d'être une fête pour l'œil)." 그림에서 그림으로 이어지는 이야기에서 변화하는 색의 축제를 즐겨 본다.

외젠 들라크루아 국립 박물관
(Musée national Eugène-Delacroix)

6 Rue de Furstemberg, 75006 Paris
운영시간 | 수-월 9:30~17:30

알랭 브리외 서점(Librairie Alain Brieux)

48 Rue Jacob, 75006 Paris, 프랑스
영업시간 | 월-토 10:30~18:30 / 브레이크타임 13:00~14:00

매일 지나는 거리인데 '어? 이곳을 여태 지나치면서 몰랐었나?' 하는 경우가 한 번쯤은 있을 것이다. 내게는 알랭 브리외 서점 *Librairie Alain Brieux*이 그렇다. 어둑어둑 땅거미가 내려앉는 시간, 한참 정리 삼매경에 빠진 뒷모습에 슬쩍 인기척을 내자 비라도 피하고 가라며 밝게 웃어 주신다. 우리 모두에게 퇴근 시간이 얼마나 중요한지 알기에 모래시계를 거꾸로 뒤집어 놓은 듯 시간의 촉박함이 심장에서 신호가 온다. 그래도 호기심 가득한 눈망울은 숨길 수가 없는지, 천천히 보아도 괜찮단다. 과학 및 의학 고서부터 해시계, 식물 차트, 각종 골동품까지 신비로움이 가득한 곳이다.

이곳의 주인장이었던 알랭 브리외 아저씨는 1958년부터 이 자리에서 과학사에 비교적 쉽게 접근할 수 있도록 희귀한 작품들을 재발행하는 작업을 했다. 전 세계의 아스트롤라베*를 연구하기도 하고, 위조품 탐지에 심혈을 기울이기도 했으며, 희귀한 초판들을 모으기도 했다. 돌아가신 후에는 2005년까지 아내 도미니크 브리외가 관리하다가 다음 세대에게 넘겨졌다. 특별한 우주를 보존하는 것과 그 어느 때보다 독창적인 물건을 제공한다는 신념은 계속된다.[65] 꼭 반세기의 이야기가 응집되어 있는 흰 머리칼을 날리는 의사 할아버지의 다락방에 놀러 온 손녀가 된 것 같다. 켜켜이 쌓인 먼지만큼, 그 농축된 에너지가 어마어마하다. 또 놀러 오라는 인사말에 하루가 따뜻해졌다.

---

* L'astrolabe, 천체의 위치와 높이를 측정하고 관찰할 수 있는 천문 기구.

책 냄새를 맡으면 아련하고 희미하게 웅크리고 잠들어 있던 기억이 살며시 기지개를 켜며 되살아난다. 프루스트의 마들렌처럼 말이다. 마르셀 프루스트의 《잃어버린 시간을 찾아서》의 첫 번째 도서 〈스완네 집 쪽으로〉에 나오는 묘사로 화자가 마들렌을 먹다가 어린 시절의 추억을 회상하게 되는 장면이다. 감각이 기억을 불러일으키는 현상은 섬세하고 온화하며 사랑이 충만하다. 프루스트 이야기에 실과 바늘처럼 따라다니는 것이 갈리마르 출판사*Edition Gallimard*다.[66]

갈리마르 출판사는 앙드레 지드와 6명의 작가로 구성된 문학 평론지인 〈N.R.F *Nouvelle Revue Française*〉에서 파생되어 1911년 가스통 갈리마르의 진두지휘 아래 영향력을 펼쳐 나갔다. 앙드레 지드, 생 존 페르스를 첫 번째 필두로 2022년까지 44명의 작가가 노벨 문학상을 받았다고 하니 정말 어마어마하다. 어니스트 헤밍웨이, 알베르 카뮈도 이런 〈N.R.F〉에서 당시 프루스트의 첫 원고를 거절했었단다. 그라셋*Grasset* 출판사를 통해 자비 출판된 《잃어버린 시간을 찾아서》가 두 달 만에 판매 기록을 세워 나가는 것을 본 갈리마르 쪽에서는 땅을 치고 후회했다. 애타는 편지와 구애, 파격적인 조건 제안 끝에 결국 1919년 《잃어버린 시간을 찾아서》 중 〈꽃 핀 소녀들의 그늘에서〉를 갈리마르와 함께 출판해 공쿠르상을 거머쥔다.[67]

전자책이 종이책을 대신하고 있는 시대에 아직도 프랑스인의 82%는 종이책에 더 애착이 간다고 말한다.[68] 휴가 기간에 가장 많이 하는 일이 독서라고 대답할 만큼 프랑스 문학에 깊이 있게 심취해 있는 그들의 뿌리 깊은 습관이 대단하다 느껴진다. 서점에 있는 내내 처음 책

장을 열었을 때의 순수한 설렘과 내 안의 그 시절 문학소녀가 되살아
나 두근거렸다. 갈리마르만의 디자인이 된 굿즈 공책과 책 한 권을 골
라 나왔다. 마음을 울리는 문장들을 한 번 적고 두 번 적어 놔야겠다.

갈리마르 서점(Librairie Gallimard - Paris)

15 Bd Raspail, 75007 Paris
영업시간 │ 월-토 10:00~19:30

감미로운 서사를 마무리 짓는 일은 달콤함이다. 손만 뻗으면 딸랑 문을 열고 들어갈 곳이 한 집 건너 한 곳이라 늘 고민이지만, 데갸또에 뒤빵 *Des Gâteaux et du Pain Claire DAMON* 에서 포장해 집으로 가야겠다. 클레어 다몽의 세련된 터치는 언제나 기분 좋다. 프랑스산 유기농 제철 과일을 기반으로 계절에 맞추어 풀어내는 그녀의 창의력에는 한계가 없다. 우아하고 감각적인 각각의 조합은 입안에서 솜사탕처럼 녹아 사라진다. 내가 느끼는 파리의 맛을 모든 이들도 경험했으면 좋겠다 싶다.

피에르 에르메 *Pierre Hermé*, 라뒤레 *Ladurée*, 르 브리스톨 파리 *Le bristol Paris*, 플라자 아테네 *Plaza Athénée*를 거쳐 2006년부터 시작된 그녀만의 모험 이야기를 듣는 일은 지루할 틈이 없다. 루이 14세 때 베르사유 궁전에 채소와 과일을 공급하던 왕의 채소밭 *Potager du Roi* 에서는 약 400가지의 품종이 자라나고 있는데, 이곳의 캠페인을 도맡고 있기도 하다. 자연에 대한 찬사와 끝없는 존중이야말로 맛의 실험의 결정체라 답하는 그녀의 대답에서 원자재 품질에 대한 확신이 느껴졌다. 모든 제품의 원산지를 표시하며 재배 방법, 생산자까지도 공개하는 일이 쉽지 않은데, 열정이 대단하다.

프로방스산 아몬드는 오일 함량으로 인해 제품에 크림과 같은 느낌과 풍미를 준다고 한다. 아르데슈의 원산지 보호 지정 *Ardèche AOP* 밤나무를 사용하는 이유는 비료나 화학 개량제를 사용하지 않는 친환경적인 재배 방법을 사용하기 때문이라고 한다.[69]

미식의 나라에서 계절의 변화를 몸으로, 식자재로, 또 디저트로 다양하게 즐기는 일은 나의 몸에 영양제를 듬뿍 투여하는 것과 같다. 제

데갸또에뒤빵 (Des Gâteaux et du Pain Claire DAMON)

89 Rue du Bac, 75007 Paris
영업시간 | 수-월 10:00~19:30

철 과일을 사용한 디저트를 고르는 편이 확실하다. 봄에는 루바브가 들어간 바통 드 루바브 *Bâton de Rhubarbe* 를 선택하면 화사함이 입안에서 피어난다. 여름에는 홍차와 복숭아의 조합인 페르샹 정원 *Jardin persan* 을 먹으면 풀잎에 맺힌 이슬처럼 싱그러움이 펼쳐진다. 가을에는 메이플 시럽 타르트 타탕 *Tatin au sirop d'érable* 으로 선선한 날씨와 울긋불긋 옷을 갈아 입는 열매들을 느끼고, 겨울에는 몽블랑 까시스 *Mont Blanc cassis*, 망고 이불을 덮은 제품 *Céleste* 을 맛보면서 눈처럼 녹아내리는 식감을 체험한다. 산미와 강렬함 그리고 달콤함이 뒤범벅되지만 아주 영리하게 계산된 맛이다. 상쾌한 아로마는 눈을 꼭 감고 느끼게 만든다. 색감 팔레트들이 화려하지만 각기 튀는 맛이 하나도 없이 자연스러운 하모니를 만들어 낸다. 가장 아끼고 애정하고 닮고 싶은 클레어 다몽의 디저트다. 1만 원이 주는 가장 값어치 있는 소비였다.

나를 위한 작은 사치

france

르 뫼리스(Le Meurice)
228 Rue de Rivoli, 75001 Paris

파리는 화려함 그 자체다. 고개를 돌리는 곳곳이 역사이며 박물관
이다. 서로의 동화가 쓰이고 반복되며, 각자의 영화가 상영된다. '환대'
라는 뜻의 라틴어 'Hospitalis'에서 유래된 'Hôtel'은 고대부터 여행자
에게 잠자리와 먹거리를 제공해 왔다. 집을 두고 호텔에서 잠을 청할
일은 드물지만, 나의 미각에 적절한 보상을 해 주고 싶거나 작은 사치
를 부리고 싶을 때 종종 찾는다. 취향과 입맛은 주관적인 것이라지만
나누면 흐르는 행복을 조금 더 풍성하게 즐길 수 있다.

르 뫼리스 *Le Meurice* 는 파리 럭셔리 호텔의 정수로 1835년 개관하여 수도 최초의 팔라스 역할을 충실하게 해내고 있다. 1771년 루이 오귀스틴 뫼리스는 칼레-파리의 마차 종착역에 영국인을 수용하기 위해 여관을 열었고, 늘어나는 인파에 지금의 주소로 확장 이전하면서 귀족들의 발걸음을 붙잡게 된다.

1889년 만국 박람회 때는 전화기를 갖춘 최초의 호텔이었다. 컨시어지 서비스 개념을 창안해 영어를 구사하는 직원이 행정 절차를 처리하고, 주차 대행 서비스, 세탁 서비스 및 환전소를 제공했으니 지금의 명성을 갖게 된 것이 당연해 보인다.

1855년 당시 영국의 빅토리아 여왕이 머무르기도 했고, 1931년 프랑스로 망명한 스페인의 왕 알폰소 13세가 임시 정부로 삼기도 했으며, 살바도르 달리는 1년에 한 달은 꼭 이곳에 머물렀다고 한다.[70]

호텔에는 달리의 이름을 딴 르 달리 *Le dali* 라는 레스토랑이 있는데, 이곳에서는 세드릭 그롤레의 과일 모양 디저트를 맛보아야 한다. 세드릭 그롤레는 2018년 고에미요에서 올해의 파티시에로 선정되었다. 2017년에는 영국의 〈William Reed Business Media〉에서 선정한 '세계 최고의 파티시에 셰프 베스트 50' 순위 중 1위를 차지하기도 했다.[71] 각종 대회에서 최고의 타이틀을 거머쥐며 SNS에서 활발히 활동하는, '좋아요'를 가장 많이 받는 셰프다.

SNS에서 숏폼 콘텐츠를 휙휙 올리다 보면 한 번쯤은 4천만 조회수의 영상을 발견하게 된다. 몸통의 절반만 한 제품들을 이리 뒤집고 저리 뒤집고, 빙글빙글 돌아가는 큐빅 *Rubik's cube* 은 소셜 미디어에 한 번

세드릭 그롤레
(La Pâtisserie du Meurice par Cédric Grolet)

6 Rue de Castiglione, 75001 Paris
영업시간 │ 수-일 12:00~18:00

이라도 '파리'를 검색해 본 적이 있다면 만나 보았을 것이다. 그는 사람들의 이목을 집중시키는 법을 참 잘 아는 사람이다. 미학적으로 뛰어나고, 정교하며, 인상적이라 '정말 과일인가?'라는 착각을 불러일으키기도 한다.

만들어 내는 제품마다 혁신적이며 예술 그 이상이다. 파리에는 3곳의 매장이 있다. 부티크에서 어여쁜 상자에 담아 갈 수도 있지만, 온도에 민감하기에 그 자리에서 맛보는 것이 훨씬 더 낫다. 아무리 조심한다 해도 이곳저곳을 배회하는 동안 이리저리 부딪혀 상처 나고 녹아내린 갸또는 감동의 폭이 절반으로 줄어든다. 호텔의 분위기가 형식적이라지만, 고급진 맛에 걸맞은 분위기에서 즐겨야 두 배로 느껴지지 않을까.

첫 스타트는 뫼리스 옆 부티크에서 열심히 데코를 하는 하얀 유니폼을 입은 제과사들을 탐닉하는 것으로 시작한다. 누군가는 효율성이 없는 동선이라고 비난하겠지만, 그것 또한 조형적 표현의 일종이라 생각한다. 길게 늘어진 줄 사이로 짧게 시선을 두고 호텔로 들어가 자리를 안내받는다. 마음에 드는 자리에 앉으라고 한다면 자유롭겠지만 대부분은 담당하고 있는 서버의 바운더리 안으로 들어가기 때문에 원하는 자리에 착석할 수는 없다. 팁이나 동선 같은 세밀한 사항이 밀접해 있어 우리가 원하는 서비스와 다를 수 있다는 점을 고려하면 그새 마음이 누그러진다.

곁들여 마실 피로를 터트려 줄 기포가 가득 찬 샴페인 한 잔과 레몬 디저트Citron jaune를 주문한다. 별빛이 목구멍을 타고 흐른다. 한참을 이리저리 사진도 찍고, 아름답게 뽐내는 자태를 감상한다. 코팅된 초콜릿을 지나 과육과 과즙이 뒤섞여 액체처럼 흐르는 콩포트Compote가 상쾌한 산미를 준다. 레몬의 고장 남프랑스 망통Menton의 2월로 단번에 순간이동한 기분이다.

셰프 중 가장 많은 미슐랭 별을 단 알랭 뒤카스가 이끄는 미식 열차에도 탑승할 수 있다. 그는 전 세계 34개의 레스토랑을 운영하고 있고, 자신의 이름을 내건 요리책과 학교까지 인재 양성에 힘쓰고 있는 프랑스에서 손꼽히는 셰프다. 미슐랭 2스타에서 재료 본연의 맛을 찾아가는 탐미의 시간을 느껴 보는 것은 어떨까.

시간과 오브제의 경계에서 늘 우리를 마주하고 있는 샤넬은 파리하

리츠 파리(Ritz Paris)

15 Pl. Vendôme, 75001 Paris

면 떠오르는 이미지 중 하나이기도 하다. 코코 샤넬이 34년간 지내다가 생을 마감한 곳이 바로 리츠 파리*Ritz Paris* 다. 그녀는 이곳에서 방돔 광장*Place Vendôme* 을 내려다보며 샤넬 No.5 향수와 프리미에르시계를 디자인했다고 하는데, 지도를 가만히 들여다보면 그 비밀이 풀려 빙그레 웃음을 짓게 된다.

어니스트 헤밍웨이가 두 번째 부인인 폴린 파이퍼와 플로리다로 떠나기 전 맡겨둔 트렁크가 리츠 파리 지하에서 발견되면서《파리에서 보낸 7년》이 빛을 볼 수 있었다.《위대한 개츠비》를 쓴 F. 스콧 피츠제럴드는《리츠 호텔만 한 다이아몬드》라는 단편을 낼 정도로 이곳을 애정했다. 마르셀 프루스트는《잃어버린 시간을 찾아서》일부를 이곳 정원에서 써 내려가기도 했다. 또 다이애나비가 죽기 직전 머물렀던 장소가 바로 이곳이다.[72] 1997년 8월 다이애나비와 함께 생을 마감한 도디 알 파예드의 아버지 모하메드 알 파예드가 2023년 별세 전까지 리츠 파리의 오너였다.

이런 리츠 파리에서는 살롱 프루스트*Salon Proust* , 바 방돔*Bar Vendôme* 에서 티 타임을 가져야 한다. 예약이 어렵다면 리츠 파리 르 꽁뚜아*Ritz Paris le comptoir* 에서 리츠의 파티시에인 프랑수아 페레의 디저트를 포장해 튈르리 정원*Jardin des Tuileries* 으로 가도 좋다.

프랑수아 페레는 눈이 반짝이고 군침이 돌게 하는 맛이란 욕구를 불러일으키고, 미뢰를 자극해 다시 찾게끔 만들어야 하는 것이라 표현한다. 2019년 세계 최고의 파티시에 셰프*Meilleur Chef pâtissier de restaurant du*

리츠 파리 르 꽁뚜아(Ritz Paris le comptoir)

38 Rue Cambon, 75001 Paris
영업시간 | 8:00~19:00

*monde*로 선정되고 시리즈물 〈트럭 안의 셰프들*The Chef in a Truck*〉에 출연하면서 명성이 더해진다.[73] 초콜릿 같은 눈으로 사랑과 기쁨을 만들어내는 맛에 '한 개만 더, 한 개만 더' 하며 자꾸 손이 가게 된다.

마들렌의 끝판왕이라고 칭하고 싶다. 가장 쉽고 기본이라 가정에서 만들기도 수월하지만, 과정별로 충실하게 이행하지 않으면 쉽사리 원하는 결과가 나오지 않기에 오묘하다. 우리가 레트로에 열광하는 것처럼 이곳에서의 마들렌은 고전이고 향수이며 어렴풋한 기억이다. 리츠 오 레*Ritz au lait*도 맛이 좋다. 세대별로 다르겠지만, 지금은 기억 속에서 사라져 가는 할머니의 손맛 같은 옛 맛을 생각하면 프랑스인들이 열광하는 것에 어느 정도 납득이 간다. 추억 저편에서 끄집어낸다면 약과나 강정쯤 되려나 싶다.

낭만이 가득 찬, 이 바삭하고 부드러우며 크리미한 감각을 어찌 사랑하지 않을 수 있겠는가. 산업화와 기술화로 인해 정형화된 대기업의 제품들을 만날 수도 있겠지만 웃돈을 주고서라도, 기나긴 기다림을 통해서라도 오리지널을 맛보고 싶은 마음은 전 세계 어디든 같은 마음 아닐까. 언젠가 TV 프로그램에서 그 맛을 구현해 내기 위해 고군분투하는 요리사들과 연예인들을 보았다. 근접한 맛보다는 확실한 맛을 찾고 싶은 정통한 마음은 어느 곳에서도 인정받는 것 같다.

리츠 파리의 헤밍웨이 바 또는 리츠 바에서 칵테일을 한 잔하고, 파리의 미식을 느끼려면 레스파동L'Espadon 에서의 식사도 추천한다. 리츠 에스코피에Ritz Escoffier 에서 요리와 제과 수업도 진행하고 있으니, 리츠 파리가 얼마나 맛에 진심인지 엿볼 수 있다.

샤넬이 묵었던 방을 바라보며 리츠 파리의 정원을 산책하는 일은, 과거와 현재를 오가며 영감을 떠올리기에 아주 좋다. 복잡한 호텔 로비에서 딱 한 발자국만 벗어나도 숲속에 있는 듯이 조용해 새 소리, 바람 소리에 귀를 기울일 수 있다.

| 리츠 파리 정원

르 버건디(Le Burgundy)

6-8 Rue Duphot, 75001 Paris

1850년 문을 연 르 버건디 *Le Burgundy* 호텔74)은 늘 활기 넘치는 곳이다. 영어로 버건디 *Burgundy* 를 불어로는 부르고뉴 *Bourgogne* 라고 부르는데 와인 생산지로 유명한 지역이기도 하다. 이름만 들어도 검붉으며 진홍색을 띤 대담하고 찬란한 햇살을 담은 빛깔이 마음에 온기와 함께 스며든다.

프랄린*을 참 잘 썼던 피에르 장 퀴노네로의 뒤를 이어 레앙드레 비비에가 2023년부터 르 버건디의 파티시에 자리를 맡고 있다. 레앙드레 비비에는 〈차세대 파티시에는 누구일까요?*Qui sera le prochain grand pâtissier?*〉라는 프로그램의 시즌 4 우승자로 예술적 감각이 굉장히 뛰어

* Pralin, 아몬드 또는 헤이즐넛을 갈아 만든 페이스트 형태.

나다. 그림을 그리고, 단편 영화를 만들며, 여행을 좋아하는 사람이라
고 본인을 소개하는데 모든 아이디어의 원천이 바로 여행이라고 한
다.[75] 인도네시아의 커피 농장, 레위니옹섬의 바나나, 브라질의 망고
등을 창의적으로 재해석해 내는 그 감각에 박수가 절로 나온다.

장 퀴노네로의 배 타르트 *Tartelette aux poires* 와 그를 최고의 위치까지 도
달하게 만들었던 파리 브레스트 *Paris-Brest 100% noisette* 가 버건디에서 사라
지게 된 것은 아쉽지만 남프랑스에 위치한 그랜드 호텔 뒤 캡 페라
Grand-Hôtel du Cap-Ferrat 에서 계속해서 그의 발자취를 쫓을 수 있으니 다행
이다.

레앙드레 비비에의 디저트는 생토노레[**][76]를 추천한다. 생동감 있
는 질감이 군더더기 없이 녹아 버리는 것 같다. 청겹고 친근한 조합이
식상할 법도 한데, 색다름으로 다가온다.

버건디의 서비스는 늘 만족감을 가져다주었다. 단 한 가지의 제품
을 테이크아웃으로 기다리는 사람에게도 작은 칵테일을 선사한다든
가 하는 디테일은 늘 끊임없는 방문을 이끌어 낸다. 물 한 잔에도 오이
나 레몬을 곁들인 데코레이션을 가미해 내주는 센스가 돋보였다. 디저
트가 도착지에 도착할 때까지 흔들리지 않도록 스펀지에 이쑤시개를
곁들이는 그런 사소함이 감동으로 다가왔다. 어떤 이의 순발력이었는

[**] Saint-Honoré, 제과 제빵의 수호성인 성 오노레(Saint-Honore)를 기
리기 위해 만든 과자라 이런 이름이 붙었다고도 하며, 19세기 파리의
생토노레 거리(rue Saint Honoré)에서 매장을 열었던 가게 '시부스트
(Chiboust)'의 이름에서 탄생했다는 이야기도 있다.

지, 아니면 버건디의 방침이었는지는 모르겠지만 말이다.

먹는 즐거움은 끝없이 계속되는 법이라, 스타 셰프들을 찾아가는 재미가 쏠쏠하다. 건강한 식습관이란 제한하는 것이 아니라 자연 그대로의 신선한 재료로 만들어 낸 균형 잡힌 음식을 재미있고 여유롭게 즐기는 방법인 것 같다. 접시에 피어나는 다정함에 마음을 주니 방전 직전이던 에너지가 금세 충전되었다.

호텔에서 제분소를 가지고 있다면, 그 특별한 밀가루로 만드는 제품이 궁금해지는 것이 당연하다. 호텔 지하에서 비밀스러운 맷돌 소리가 들려오는 르 브리스톨 파리(Le Bristol Paris77) 이야기다. 밀알을 으깨고, 밀기울을 분리하고, 정제된 밀가루가 나온다. 살아 있는 빵을 만들

르 브리스톨 파리(Le Bristol Paris)

112 Rue du Faubourg Saint-Honoré,
75008 Paris

기 위한 기본이다. 고대밀 6종***을 블랜딩해 곡물의 고유한 향과 풍미를 최대한으로 끌어올려 소화도 잘되고, 영양 측면에서도 우수하다. 에릭 프레숑 Mof 1993의 고집이 나타나는 것이 20년 넘게 브리스톨을 지켜낸 수장답다. 레스토랑 에피큐어 Epicure는 2009년부터 미슐랭 3스타를 유지하고 있는 것으로 우두머리의 능력을 증명하고 있는 셈이다.

지하실에는 십만 병이 숙성되고 있는 와인 저장고와 치즈 숙성실, 카카오 콩이 매끈매끈 반질반질 윤기 나는 초콜릿으로 대 변신을 꾀하는 초콜릿 공장도 숨겨져 있다.

2011년에 처음 공식적으로 팔라스 등급을 받은 브리스톨은 1925년 문을 열었다. 럭셔리 취향과 편안함에 대한 높은 요구로 유명했던 18세기의 위대한 여행자 브리스톨 4대 백작 프레데릭 허비에게 경의를 표하기 위해 이름이 이렇게 붙여졌다. '별들의 별'이라고 불리며 각계 유명 인사들을 매료시켰고, 1954년 피에르 가르뎅이 포부르그 생토노레 거리 rue du Faubourg Saint-Honoré에 부티크를 열면서 크리스티앙 라크루아, 에르메스 등 많은 브랜드가 포진하게 되었다.

2007년부터는 패션 토요일 Samedis de la Mode 행사를 시작해 정원에서 예술 조각 전시회를 선보이는 등 계속해서 패션의 중심에 서 있다. 시선과 시선을 공유하며 흘러나오는 음악에 몸을 맡기고, 투광을 느끼면

*** 보르도산 붉은 밀(blé rouge de Bordeaux), 루씨옹산 수염 모양 밀(blé barbu du Roussillon), 아인콘 밀(petit épeautre), 스펠트 밀(grand épeautre), 호라산 밀(khorasan-blé iranien), 비밀 밀가루 한 가지.

절로 환희에 찬 감탄사가 터져 나온다. 내 안에 평화로운 작은 질서가 정립된 것처럼 습도와 온도 모두 만족스럽다. 이곳에서는 초콜릿으로 감싸져 있는 디저트를 선택하기 바란다. '빵지순례'라는 말이 있을 만큼 먹거리에 진심인 우리에게 딱 맞는 메뉴다. 만드는 이의 입장에서 조금 번거롭더라도 가장 좋은 재료를 가장 적절한 시점에 내어놓는 행위가 최상의 맛을 선사한다는 것에 이의가 없다. 그러니 제빵사들의 영혼을 갈아 넣었다고 해도 과언이 아니다. '당일 생산 당일 판매'라고 붙어 있는 여느 제과점에서 산 제품을 3일에 걸쳐 나눠 먹는다면 어? 하고 눈과 입이 트이는 시점이 있을 것이다. 그 작고 작은 차이의 만족감을 위해 파티시에는 밤낮없이 골똘한 연구를 거듭한다. 이 유려한 맛을 거부할 자가 과연 있을까.

호텔 루테티아(Hôtel Lutetia Paris)

45 Bd Raspail, 75006 Paris

파리가 항상 파리로 불렸던 것은 아니다. 처음 5세기까지는 루테티아*Lutetia*라는 라틴어 이름으로 불렸는데 '늪의 도시, 진흙의 도시'라는 뜻이다. 클로비스가 이곳을 왕국의 중심지로 삼으며 파리가 시작되었는데, 그 당시 정착해 있던 파리지족*Parisil*의 이름에서 유래되었다.[78] 파리의 기원인 루테티아의 이름을 딴 호텔 루테티아*Hôtel Lutetia*는 센 강의 왼쪽인 리브 고쉬*Rive gauche*의 안방마님과도 같다. 파리 최초의 백화점 봉 마르셰*Bon marché*의 설립자 마르그리트 부시코에 의해 부유한 타지 고객들을 맞이하기 위해 건축되었다.

르 봉 마르세 백화점
(Le Bon Marché Rive Gauche)

24 Rue de Sèvres, 75007 Paris

파리의 모토인 "파도를 맞지만, 가라앉지 않는다(Fluctuat nec mergitur)."[79]를 토대로 지어져서일까 파리의 여객선이라 불리며 피카소, 마티스, 생텍쥐페리 등 당대 예술가들의 거점지가 되기도 했다. 루테티아는 2차 세계대전에서 돌아오는 생존자들을 위한 송환지로 사용되기도 했다. 역사를 그대로 담고 있는 곳이다.

1955년부터 50년간 호텔은 샴페인 하우스의 소유주인 떼땅져 *Taittinger* 가문의 소유가 되었기에 이곳만을 위한 샴페인을 만날 수 있으니 안 마셔 볼 수가 없다. 황금빛 밀밭이 떠오르는 색이 눈앞에 보이며, 인어공주가 노을 지는 해변가에서 숨을 쉬는 것처럼 자잘한 거품이 계속해서 톡톡 올라온다. 코를 찌르는 아카시아 향과 복숭아 향이 차례대로 나타나며 브리오슈의 토스티한 풍미도 함께 한다. 이어지는 바닐라 향이 상큼함과 달콤함을 보여 준다. 살며시 다가오는 것이 매력이라 여성들에게 훨씬 매력을 잘 어필할 수 있겠다.

입안에서 잔잔하게 톡톡 터지는 은하수와 같은 버블감을 느끼며 2억 유로로 추산되는 막대한 비용과 4년이라는 시간을 공들여 2018년 재탄생한 모습을 보고 있으니 입이 떡 벌어진다. 에르메스 세브르점 *Hermès Paris Sèvre* 이 이 호텔의 수영장이었다는 사실도 알고 보면 재미있다. 역사적인 요소와 현대적인 감각이 혼합된 럭셔리의 절정과 어우러지는 흥미진진함이 온몸을 가득 채운다.

1862년, 나폴레옹 3세의 아내 외제니 황후가 1867년에 개최될 만국 박람회를 위해 르 그랜드 호텔 *Le Grand Hôtel* 을 개장한다. 단 1년 만에

카페 드 라페(Café de la Paix)

5 Pl. de l'Opéra, 75009 Paris
영업시간 | 월-금 8:00~23:00
　　　 | 토-일 12:30~15:30, 18:00~23:00

지어진 퀄리티가 이 정도라니 믿어지지 않는다. 이제는 역사적 기념물로 등록이 된 이 호텔의 카페가 카페 드 라페*Café de la paix*80)다. 어마어마하게 특별한 맛을 가진 메뉴가 있는 것은 아니다. 수십 년에 걸쳐 최고의 지식인, 정치인, 작가들이 다녀간 곳인 만큼 이곳에서 마시는 차 한 잔은 시대의 정신을 마주하고, 기억하는 것이다. 역사의 페이지를 열어 영원하고 무한한 세계의 가치를 마셔 본다.

　에밀 졸라는 1880년, 소설《나나》에서 주인공 나나를 꽃이 가득한 호텔의 4층 방에서 죽게 했다. 1898년 여름, 오스카 와일드는 안개 속에서 황금빛 천사가 떠오르는 환영을 보았다고 말하기도 했다. 물론 이것은 기적이 아닌 실제 태양 빛에 반사된 오페라 꼭대기의 동상이었다고 한다. 헤밍웨이의 《태양은 또다시 떠오른다》에 카페 드 라페가 등장하기도 했고, 빅토리아 여왕의 장남 웨일스 왕자가 파리의 풍경에 매료되었던 곳도 이곳이다. 1차 세계대전이 끝날 무렵 조르주 끌로망소가 2층에서 군대 퍼레이드를 바라보고 있는 장면이 찍힌 사진은 뇌리에서 사라지지 않는다. 나이가 지긋한 신사 할아버지들이 멋지게 서빙하는 모습과 어우러지는 화려한 금박 기둥, 문양을 뚫어지도록 바라보게 되는 카펫, 천장화까지 숨이 막히게 아름답다. 햇빛이 곤히 잠든 안개가 자욱한 날 다시 온다면 천사의 온화한 눈동자를 마주할 수 있을까. 손을 뻗으면 떨어진 하얗고 보드라운 깃털을 잡을 수 있을까 상상해 본다.

Part 2

도심을 벗어나
프랑스의 정원 루아르로

비밀스러운 숲의 성, 루아르

france

루아르를 처음 만나면 마치 하늘로 높이 솟아 있는 나무로 뒤덮인 숲속 비밀 가득한 성을 발견한 듯하다. 그 안에 달빛이 비칠 때, 푸른 빛의 드레스를 입은 공주님이 나타날 것만 같다. 공주님은 마법의 지팡이를 흔들어 긴긴 겨울을 끝내고 빠알간 튤립과 노란 수선화, 울려 퍼지는 생명의 나팔 소리와 지저귀는 새소리를 들려줄 것이다. 프랑스의 정원이라고 불리는, 300km에 달하는 루아르 계곡*Le Val de Loire*에는 300개가 넘는 성*Châteaux*이 위치해 있다. 강이 관개하는 놀라운 위력으로 자연과 인간의 끝없는 상호 작용 속에 탄생한 유산이다. 2000년 유네스코 세계유산에 등재되면서 그 가치가 또 한 번 증명되었다.[81]

이렇게 많은 성들이 밀집해 있는 이유를 찾으려면 영국과의 백년 전쟁 당시로 거슬러 올라가야 한다. 루아르 계곡은 침입에 대비하기 용이했다. 므항쉬르예브르*Mehun-sur-Yèvre*, 로슈*Loches*, 쉬농*Chinon* 등 견고하고 위대한 요새가 떡하니 지키고 있었기 때문이다. 왕들의 집이자 안전한 피난처였던 셈이다.

사람들의 흥미와 관심을 불러일으키는 것 중 하나는 누군가의 취향과 생활이 깃든 공간을 엿보는 것일 테다. 집들이를 갈 때면 옛 프로그램의 배경음악을 흥얼거리는 일이 꽤 설레는 것을 보면 말이다. '집'이라는 것은 무엇일까? 가족들의 희로애락이 녹아 있고, 인생이 깃든 등대의 흔적이다. 물질적 가치와 정신적 가치가 양립하지만, 삶의 작은 우주 그 자체다. 끊임없이 유기적으로 흘러가는 역사에 물음표와 느낌표를 동시에 주기 때문에 곳곳에 비밀이 숨겨져 있어 빠져들게 된다.

이 왕궁이 가장 볼거리가 많으니 방문을 추천한다고 설명하는 것보다는 이런 왕궁들이 있다고 말하면 본인의 취향에 따라 선택할 수 있도록 이야기를 꺼내 본다. 르네상스 시대의 중요한 의미들이 모두 응축된 각각의 이야기 속으로 떠나는 왕들의 초대에 응해 보자.

∴ 왕실의 보석함 블루아 성

천년이 넘는 왕실 이야기는 드라마로도 소설 소재로도 완벽하다. 7명의 왕과 10명의 왕비가 함께하는 이 이야기도 그렇다. 탄탄하고 견고한 이 역사는 루아르 역사 최대의 관문으로 칭해질 만큼 길고, 복잡하다.

블루아 성Château de Blois은 6세기 카스트룸Castrum이라는 바위 기반에 성채가 건설되었고, 9세기부터 수 세기에 걸쳐 증축되고 변화했다. 바이킹들에 의해 파괴되기도 했지만, 블루아 영주들은 이곳을 잘 지켜 냈다. 1392년에 마지막 후손인 샤티용의 기 2세는 샤를 6세의 형제인 루이 도를레앙에게 블루아를 판매한다. 1429년, 잔 다르크가 오를레앙의 탈환을 위해 머물면서 성 예배당에서 랭스 대주교로부터 축복을 받은 일은 잘 알려져 있기도 하다.

루이 도를레앙의 아들 샤를 도를레앙은 백년 전쟁 중 아쟁쿠르 전투에서 불행을 겪었고 25년 동안 영국에서 포로 생활을 한 뒤 1440년 블루아로 돌아온다. 영국에서의 고뇌와 우울함을 시로 풀어내던 그는 블루아 콩쿠르Concours de Blois 82)를 주최하는데 그때 두각을 나타낸 것이 프랑수아 비용이다.

당시 왕이었던 샤를 8세의 자식들이 모두 유아기에 사망하며, 이곳에서 태어난 샤를 도를레앙의 아들 루이 12세가 사촌이었음에도 왕위 제1 계승자로 1498년 역임하게 된다. 이곳을 왕국의 정치적 수도로 만

블루아 성(Château royal de Blois)

6 Pl. du Château, 41000 Blois
운영시간 | 매일 9:00~18:30

들고자 결심한 그는 사촌 형수인 미망인 안과 결혼한 이후 성 꾸미기에 박차를 가한다. 고딕 양식으로 성을 재건축하고, 지금은 사라진 르네상스 정원Jardin Renaissance 을 만들었으며, 생 칼레 예배당La chapelle Saint-Calais 을 짓기도 하였다.

대부분의 왕은 성격의 지배적인 특징을 나타내기 위해 상징으로 동물을 택하기를 좋아했다. 군주 루이 12세의 문양은 고슴도치였는데, 이국적이고 신비로운 이 동물은 "함부로 덤비면 큰코다친다(Qui s'y frotte s'y pique)."는 의미로 사용되었다. 흔적을 찾는 일은 마치 보물찾기와 같다.

프랑수아 1세의 상징은 도롱뇽이었는데 불에서 살면서 불씨가 꺼지면 죽는 신화 속의 양서류로 "나는 정의를 지키고, 불의는 소멸한다(Je nourris le bon et j'éteins le mauvais)."는 뜻을 내비치고 있다. 195cm의 거구로 육체적이었으며 행동주의자였던 그를 표현하기에는 안성맞춤이었다. 루이 12세의 딸 클로드 드 프랑스는 1514년 루이 도를레앙의 증손자이자 그녀의 사촌인 프랑수아 당굴렘*과 결혼하면서 프랑스 왕실을 대표하는 부부가 된다. 즉위 이후 클로드 드 프랑스는 왕가의 성을 다시 매만지기 시작했고, 프랑수아 1세는 2개의 새로운 건축을 시작하는데, 많은 책을 소장할 도서관과 계단이었다.

왕비가 1524년 사망할 때까지 이 노력은 계속되었으나 클로드의

* François d'Angoulême, 프랑수아 1세의 옛 이름.

삶이 마감함과 동시에 프랑수아 1세는 건축을 중단하고 퐁텐블로 ^{Château} $_{de\ Fontainebleau}$로 떠난다. 하지만 7명의 자녀들은 여전히 블루아에 남아 왕가의 교육을 받는 데 전념한다. 1547년에는 프랑수아 1세의 아들 앙리 2세가 왕위에 오르면서 여왕 카트린 드 메디치와 함께한다. 앙리 2세가 노스트라다무스의 예언서에 나온 그대로 1559년 마창에 눈이 찔려 죽게 되고 프랑수아 2세가 15세의 나이에 왕위에 오른다. 이때 검은 베일 속 백합 카트린 드 메디치의 섭정도 시작된다.

카트린 드 메디치의 비밀의 방$^{Cabinet\ aux\ poisons\ de\ Catherine\ de\ Médicis}$에는 237개의 작은 서랍들이 있는데, 독극물과 기밀문서를 수집해 두었다는 설이 있다. 결혼식 며칠 전 앙리 4세의 어머니인 잔 달브레를 치명적인 독이 묻어 있는 향수 장갑으로 독살했다는 이야기나 알렉상드르 뒤마의 《여왕 마고》에 묘사된 카트린 드 메디치를 떠올려 보면 그럴싸하지만, 사실은 아니다. 그래도 이 방은 뭔가 섬짓하기는 했다.

1560년 카트린 드 메디치의 셋째 아들 샤를 9세가 형의 병사로 왕위를 물려받은 이후 1562년부터 1598년까지 끝없는 이념이 부딪히며 종교 전쟁이 발발한다. 바시 학살$^{Massacre\ de\ Vassy}$로 인해 가톨릭 세력이 개신교 세력을 탄압한 것을 발단으로, 1572년 생 바르텔레미 대학살까지 일어난다. 평화를 위해 카트린 드 메디치의 딸 마거리트를 위그노인 나바르 왕 앙리 4세와 결혼시키는데, 1572년 8월 22일 가톨릭 측이 결혼식에 참가한 위그노들을 죽인 사건이 생 바르텔레미 학살이다.

1574년에는 넷째 아들 앙리 3세가 형의 죽음으로 왕위를 계승 받는데, 이 시기에 일어난 사건에는 그 유명한 기즈 공작 암살 사건

Assassinat du duc de Guise 이 있다. 구교와 신교의 갈등을 겪으면서 적군이었던 기즈 공작과 로렌 추기경까지 앙리 3세의 명으로 살해하는 종교 전쟁의 정점에 있는 사건이었다. 기즈 공작의 암살 사건 이후 앙리 3세도 똑같은 방식의 단검으로 광신도 자크 클레망에게 살해당한다. 뿌린 대로 거둔 걸까, 발루아*Valois* 왕조는 막을 내리고 부르봉*Bourbon* 의 시대가 열린다. 마거리트의 결혼은 불임으로 교황 클레멘스 8세에 의해 공식적으로 무효화되었고 앙리 4세는 마리 드 메디치와 새롭게 결혼한다. 마리 드 메리치는 아들 루이 13세에 의해 블루아로 추방당하지만

말이다. 마리 드 메디치의 셋째 아들 가스통 도를레앙은 절대 군주제에 불만을 품고 반란과 음모를 일삼다가 블루아로 추방당해 성을 가꾸며 여생을 보낸다. 당시 고전 건축 양식을 반영하고 2,300종이 넘는 식물이 자라나는 정원을 만들기도 했다. 조카 루이 14세가 태어나면서 재정적으로 지원을 받기 힘들어지자 더는 성에 투자할 수 없었다고 한다. 루이 14세는 블루아에 관심이 없었으므로 가스통 도를레앙이 죽고는 방치되었다가 혁명이 진행되는 동안 버려져 있었고 현재는 블루아시 소유다.

왕의 특성에 따라 조금씩 바뀌어 간 성의 모습에 희로애락이 모두 묻어 있는 모든 종류의 감정을 맛보았다. 한 편의 사극을 뚝딱 완성해 낼 수 있는 멋진 공간이지만, 어쩌면 이런 곳에서의 삶은 나 자신에 집중하기보다는 그 시대가 바라는 대로 만들어져야만 했을 것이다. 스스로를 보호하기 위해 두꺼운 베일을 뒤집어써야만 했겠지. 종속되어 있는 곳에 영원히 떠날 수 없는 영혼을 묶어 두고 혼란 속 자유를 갈망하지 않았을까. 수많은 환호와 박수갈채 뒤로 비수가 되어 꽂히는 시선들과 뭉게뭉게 피어나는 무수한 이야기들에 많이 지치고 외로웠을 것이라는 생각이 든다.

∴ 용맹과 위엄의 샹보르 성

　깊은 숲속 햇살이 그늘을 비집고 땅에 닿으면 알록달록 새 생명이 자라나고 그 위를 각종 동식물이 뛰노는 모습은 아름답고도 신성하다. 루아르에서 가장 크고 사치스러우며 엄청난 규모를 자랑하는 사냥터를 가진 성은 프랑수아 1세와 깊은 관련이 있는 샹보르 성 *Château de Chambord* 83)이다.

　이상한 나라의 앨리스가 된 기분이 들게 하는 샹보르는 곧 자연이라고 할 만큼 그 둘은 떼려야 뗄 수가 없다. 모든 소리가 운율이 되고, 고개를 둘러보면 모든 곳이 카메라 프레임이 빠른 속도로 장면 전환되는 듯한 기분을 느낀다. 깨끗한 호흡과 명상을 하게 되며 회복 탄력성을 높여 준다. 1981년부터 유네스코 세계유산으로 등재되었고 수많은 동물이 서식하는 국립 야생동물 및 사냥 보호구역이다. 프랑스의 가장 큰 면적의 밀폐된 숲이 약 5,440*ha*의 표면적에 32km나 되는 성벽으로 둘러싸여 있어 말을 타고 들어가면 미로처럼 길을 잃어버릴까 두렵기도 했다. 입구만 하더라도 6개다. 1519년부터 1547년까지 건축에 동원된 인부만 하더라도 1,800명이니 말 그대로 인력을 갈아 넣어 완성된 최종판이다. 단 50일만을 머물기 위해 만든 이 사냥용 성은 가치였을까 사치였을까.

　한국어로 표기된 안내지를 한 장 받아 들고 곳곳을 탐험해 본다. 빙

샹보르 성(Château de Chambord)

Château de Chambord, 41250 Chambord
운영시간 | 매일 9:00~17:00

글빙글 돌다 보면 자꾸 도돌이표처럼 되돌아오는 자리에 머리를 갸우 뚱거리게 된다. 붉은 티셔츠를 입은 영국인 커플을 5번도 넘게 마주치던 순간 우리는 모두 웃음을 터트리고 말았다. 저쪽 너머 선생님이 이끄는 프랑스 학생들 무리가 보인다. 이럴 때는 귀동냥이 제일이다. 해석하는 대로 달라지는 조각들은 한 편의 필름 같아 이야깃주머니를 채워 넣기에 안성맞춤이다.

르네상스 시대 프랑스는 각지의 영주들과 백작, 공작들이 전국에 흩어져 있었기 때문에 왕실의 건재함과 권위를 알리고 신하들을 알현하기 위해 동으로 서로 남으로 북으로 떠났어야 했다. 폼생폼사를 위해 2,000~5,000명의 사람들이 옷, 그릇, 심지어 가구까지 챙겨서 떠돌며 재위 기간인 약 11,778일 중 8,000일 이상을 유목민처럼 돌아다녔다니 이야기만 들어도 고단함이 몰려온다.

1515년 마리냥 전투에서 돌아와 맛본 승리와 이탈리아의 달콤했던 맛을 다이아몬드처럼 단단하게 풀어낸 이 성은 시간이 지나면 더 단단해지고 하얗게 변하는 응회암 *Le tuffeau* 으로 지어져서 특별해 보인다. 공식적으로 건축가의 이름이 명시된 자료가 없지만, 레오나르도 다빈치의 여러 스케치를 비교해 보았을 때 1519년 세상을 떠나기 전 마지막까지 샹보르 성에 대해 영향을 준 것은 부인할 수 없겠다.

2개의 이중 나선형 계단은 같은 방향으로 회전하지만 결코 교차하지 않는다. 따라서 사람을 만나지 않고도 비밀스럽게 층계를 오르내릴 수 있다. 올라가는 이와 내려가는 이가 마주칠 수 없다니, 천재적이다.

몇 번을 오르락내리락 상대편을 바라보며 빙글빙글 회전했다. 끝없는 계단을 돌고 돌아 출입구를 찾아 나가는 과정이 짙게 깔린 안개를 뚫고 나가는 것 같았다.

성채 내에는 24개 아파트 형식의 개별 숙소가 있어 프랑수아 1세와 함께하는 수행원들이 머물 수 있도록 설계되었다. 침실, 옷방, 화장실로 나뉘어 있어 현대식 특징을 띄고 있다. 426개의 방, 83개의 계단, 282개의 벽난로를 지나며 천장을 올려다보면 프랑수아의 상징인 도롱뇽이 300마리도 넘게 곳곳에서 나를 바라보고 있다. 어디서든 주시하고 있겠다며 으름장을 놓는 모양새다.

고성을 둘러보다 보면 누구나 드는 의문점은 침대의 크기다. 화려한 응접실, 가구, 거대한 벽난로까지 모든 것들이 탄성을 자아내지만 침대만큼은 그렇지 않다. 잠을 자려고 누우면 다리는 베드 밖으로 나

올 수밖에 없는 구조다. 미신 때문이다. 아프거나 사망했을 때처럼 누워 있는 것은 곧 죽음을 의미했으므로 상류층들은 커다란 이불에 기대어 잠을 청했다. 이것이 죽음이라는 불운을 막아 준다고 생각했다. 이런 미신은 프랑스 혁명 때까지 계속되었고, 누워서 쿨쿨 잘만 자는 나폴레옹 시기가 되어서야 사라졌다.[84] 포근한 이불 속에 누워 숙면을 취하며 피로가 풀리는 경험을 할 수 없다니 끔찍하다.

태양왕 루이 14세도 이곳을 몇 차례 방문했다고 한다. 1670년 10월 몰리에르의 희곡《서민귀족》의 초연이 올라가기도 했다고 하니, 연말에는 이 공연을 예약해서 샹보르를 상상하며 즐거움을 더해야겠다.

혁명 때 약탈당하고 내부의 것들이 일부 소실되었지만, 그래도 이 단단한 성채는 멀쩡한 것을 보면 돌에 새겨진 영혼의 힘이 대단하게 느껴진다. 1930년부터는 국가 소유로 운영되고 있다.

부드럽게 비행하듯 내달리는 미끈한 사슴 한 마리를 고요함 속 탕! 하는 소리와 함께 떨어트리는 프랑수아의 사냥이 곧 시작될 것 같다. 말에 오르면 말발굽 소리 위로 운율감 가득한 시 구절이 떠오를 것이다. 시간의 한계를 뛰어넘어 마음의 왕좌에 올라 영혼을 정복해 보며 왕들의 세계로 진입해 본다.

∴ 왕의 와인, 샹보르 와인

2023년 프랑스 정부가 와인 가격 방어를 위해 잉여 생산물인 포도주를 폐기하기로 결정해 1억 6천만 유로를 지출할 것이라는 소식을 접했다.[85] 2024년에도 농업부는 와인 재배자들을 위한 지원으로 8천만 유로의 예산을 발표했다. 2023년 보르도 지역의 포도원들이 곰팡이의 피해로 손실을 입었고, 100,000ha에 달하는 포도나무를 일시적, 영구적으로 뿌리째 뽑는 일에 지원했다. 그로 인해 와인은 기후 위기에 이어 소비 하락세를 맞아 70년 전 1인당 연간 소비량이 130ℓ에서 40ℓ로 줄어들었다니 그 수치가 놀랍다. 물론 판매량은 줄어들었지만 시장 규모는 축소되지 않았고, 가격의 양극화는 줄어들지 않았다.[86] 이러한 변화를 어떻게 타개해 나갈지 귀추가 주목된다.

와인의 위기는 19세기 필록세라*Phylloxéra* 때도 있었다. 미시시피강을 따라 위치한 야생 개체군들이 프랑스 포도원을 초토화시켰던 사건 말이다. 이런 재앙은 프랑스 와인의 맛을 변화시키기는 했지만, 원산지 보호명칭제도*가 생겨나 한 단계 더 나아갈 수 있게 만들어 주기도 했다. 하지만 더 많은 포도 품종과 우아함 및 복합성을 띠고 있었던 필록

---

* Appellation d'origine protegee(AOP), 모든 생산 단계가 동일한 지리적 영역에서 인정된 노하우에 따라 수행되어 특성을 부여한 제품(유럽 연합 전역 표시).
Appellation d'origine contrôlee (AOC), 프랑스 원산지 관리 명칭.

샹보르 와인
(Le vin de Chambord)

세라 이전의 맛을 찾아가는 것은 양조업자들의 연구 연장선이다.

그런데 필록세라의 위기를 비켜 간 포도나무가 있단다. 1518년 프랑수아 1세가 샹보르 성의 건설을 시작하며 부르고뉴 본*Beaune en Bourgogne*에서 가져온 로모랑탱*Romorantin*의 기원이라고 알려진 품종 8만 그루를 가져왔는데, 샹보르 500주년을 맞이하기 위해 심어진 나무가 바로 이것이다. 1820년~1840년 사이에 심어진 프랑스에서 가장 오래된 포도 묘목인 로모랑탱이 아직도 건재하게 제 몫을 해내고 있다니 기특하고 놀랍다. 로모랑탱의 화이트와인은 레몬, 모과, 라임, 꽃향이 우아하게 흐르며 생기가 넘친다.

또 샹보르만의 오크통이 생산되고 있다. 샹보르의 참나무_Le chêne de Chambord_는 꼭 손으로 쪼개고 2년 동안 야외 건조를 거쳐 만든다. 과도한 나무 풍미를 줄이고 포도주에 미묘한 향을 결합하며, 탄닌을 부드럽게 만들어 구조와 풍미를 살려낸다. 연간 100개 한정으로 생산된다고 하니 이 통에서 숙성된 와인을 마시면, 1500년대로의 시간 이동이 불가피하다.

왕들의 열정이 루아르 와인의 발전과 명성에 기여했다는 사실은 프랑수아 1세 이전에 앙리 2세의 역할도 톡톡하다. 왕궁에서 종종 앙주 와인_Les vins d'Anjou_을 제공했는데, 그 맛에 빠진 다음 후계자들도 루아르 와인를 선호하게 되었다. 또한 18세기에는 영주들의 포도주 우선 판매 독점권**이 폐지되면서 루아르 와인에 날개가 달렸다.

별표 하나 더. 샹보르 와인은 아황산염이나 인공 효모를 첨가하지 않은 친환경 인증 유기농 방식으로 생산되며 손으로 수확한다.

이곳의 와인은 샹보르 성에서 직접 구매할 수도 있고, 샹보르 성을 바라보면서 하루 묵을 수 있는 호텔 흘레 드 샹보르_Relais de Chambord_에서도 만날 수 있다. 꼭 잠을 청하지 않더라도 한 끼의 식사와 함께하거나 가볍게 바에서 와인을 접할 수 있으니, 병으로 마시는 와인이 부담스

** Banvin, 포도 수확 개시 이후 영주의 포도주를 제외하고 다른 포도주의
판매를 일정 기간 금지하는 제도.

럽거나 여러 맛을 느껴 보고 구입하고 싶을 때 권한다.

식사 전 약간의 허기가 질 때 샌드위치와 마실 화이트와인을 주문했다. 두 가지 화이트와인이 제공되는데, 모두 맛보아도 좋지만 두 가지 품종이 섞인 샹보르AOC 슈베르니보다는 단일 품종으로 포도나무 역사를 보여 주는 샹보르 퀴베를 더 추천한다. 햇살이 잔을 통과하는 것 같은 색감이 반긴다. 미네랄이 충만하고 강렬한 새콤함이 혀를 강타한다. 기분 좋아지는 산도에 자두 향과 꿀 향이 살짝 스쳐 지나간다. 레드와인을 더 좋아한다면 단연 샹보르에서 생산된 오크통에 숙성된 샹보르 퀴베 퓌 드 셴-AOC 쉬베르니를 마셔야 한다. 보통의 레드와인보다 도수가 11.5%로 낮은 편이라 더 둥글고 부드럽게 마실 수 있다. 곱디고운 루비색이 붉은 과실향을 양껏 뿜어낸다. 옅은 커피 향을 맡을 수 있다는 게 포인트다. 대부분이 모래인 토양에서 자라나 팔색조의 매력을 뿜내는 것이 더 기특하게 느껴진다.

와인의 과거부터 현재 그리고 미래까지 맛본 루아르가 입술에 붉게 물들었다. 붉은빛과 감귤 빛에 적셔져 마음이 빙빙 돌고 웃음이 난다. 이곳은 내 눈을 멀게 한다. 영원히 시들지 않는 술잔을 들어 건배한다.

∴ 우아함의 절정 슈농소 성

여인들의 성 *Château des Dames* 이라는 별칭을 가진 슈농소 성 *Château de Chenonceau*87)은 루아르의 물길 위에 한 폭의 비단을 펼쳐 놓은 듯 우아하다. 이 청초하고 단아한 예쁜 빛깔의 성에 여자들의 사랑과 전쟁 이야기가 깃들어 있다 하니 궁금증을 참을 수가 없었다.

카트린 드 메디치와 앙리 2세, 디안 드 푸아티에에 얽혀 있는 이야기다. 카트린 드 메디치는 메디치 가문의 상속자이지만 출생 직후 부모님을 여의고, 각종 전쟁으로 수녀원을 전전하며 녹록지 못한 유년기를 보낸다. 그런 그녀가 프랑스로 시집갈 수 있었던 것은 프랑수아 1세의 열렬한 이탈리아 문화와 르네상스에 대한 사랑 덕분이었다. 물론 카트린 드 메디치와 사촌인 교황 클레멘스 7세와의 동맹 관계를 유지하기 위해서이기도 하고, 많은 지참금도 탐이 났을 것이다. 이탈리아 며느리를 맞이한다는 소식은 프랑스 궁정의 여론을 들끓게 했지만, 둘째 며느리이기 때문에 프랑스의 왕비가 될 수는 없다며 강행해 1533년 마르세유 *Marseille* 에서 결혼식을 올린다.

결혼 전부터 앙리 2세에게는 정부가 있었는데, 바로 디안 드 푸아티에다. 디안 드 푸에티에는 남편의 죽음과 더불어 프랑수아 1세의 부인인 여왕 클로드 드 프랑스, 어머니인 루이즈 드 사보아, 두 번째 부인인 엘레오노르 드 합스부르그까지 그들의 시중을 들었다. 그러면서 앙리 2세와의 인연이 시작되어 앙리가 6살 때 마드리드 조약*으로 아

슈농소 성(Château de Chenonceau)

Château de Chenonceau, 37150 Chenonceaux
운영시간 | 매일 9:00~18:00 / 수, 목 9:00~19:00

버지 프랑수아 1세를 대신하여 형과 함께 인질이 되어 스페인으로 건너가게 된다. 디안은 먼 곳으로 유배되는 어린 앙리 왕자의 이마에 진심을 담은 따스한 안녕의 키스를 건넸고, 이는 4년의 구금 생활을 버틸 힘이 되었다고 한다. 처음에는 스무 살이나 연상인 그녀의 모성애에 푹 빠졌고, 다음에는 가정 교사로서 넘치는 교양과 지식에, 마지막

* Traité de Madrid, 1526년 샤를 5세에게 프랑수아 1세가 패배함으로
  맺어진 조약.

으로는 그녀의 미모에 헤어나오지 못한 것이다.

왕은 왕비보다 디안을 더 총애했고 각종 보석과 칭호, 슈농소 성, 다네 성 *Château d'Anet* 까지 하사했다. 둘의 사이가 얼마나 가까웠는지 왕비의 불임이 지속되자 디안이 왕에게 침실에 들어가는 횟수를 늘리라는 부탁까지 하였다고 한다. 그래서였는지는 모르겠지만 왕과 왕비의 후사가 11년 만에 줄줄이 탄생했다. 게다가 카트린 드 메디치의 외할아버지가 디안의 친할머니와 형제였다는 사실까지 더하니 기함할 만하다.

이런 상황에서 남편의 따뜻한 말 한마디조차 기대할 수 없었던 카트린 드 메디치는 결혼 1년 후 클레멘스 7세의 죽음으로 남은 지참금도 가져올 수 없었고, 상인의 딸이라는 조롱 속에 10년이나 불임에 시달리며 메말라 갔다. 그런 그녀가 버틸 수 있던 것은 이탈리아에서 가져온 니콜라 마키아벨리의 《군주론》이라는 책 덕분이었다. 그 덕에 정치의 화신이 될 수 있었던 것 같기도 하다.

질투가 불타올랐을 무렵, 앙리 2세는 토너먼트 도중 마창에 눈을 찔려 앓아눕는 사건이 발생한다. 앙리가 생사를 오가는 순간에도 메디치는 앙리와 디안의 만남을 필사적으로 금지했다. 며칠 후 왕의 죽음에 모두가 애도할 때도 장례식에 참석할 수 없게 막았고, 남편이 하사했던 슈농소 성과 보석 등을 돌려달라 명한다. 다만, 1556년 디안이 죽기 전까지 다네 성에서 지낼 수 있게 배려해 주었다.

훗날 디안의 묘지에서 보존되어 있던 머리카락 일부를 찾아 검사를 진행하자 평균 기준치의 500배에 달하는 금 농도를 발견했다고 한다. 이는 디안이 젊음의 묘약으로 금 용액을 마셨다는 증거가 되었다. 금

중독 증상으로 인해 승마, 수영, 사냥과 같은 운동을 즐겼음에도 불구하고 늘 희고 창백한 얼굴이었으며 생애 말기에도 30세 때처럼 아름다웠다는 이야기에 힘을 실어 주었다.[88]

슈농소 성에는 앙리 2세의 H와 카트린의 C가 장식되어 있는데, 참 애매모호한 것이 어찌 보면 디안의 D로 보인다는 사실이다. 양쪽으로 배치된 카트린과 디안의 정원을 바라본다. 비가 온 뒤라 차분하게 칠해진 잿빛 녹색과 부드러운 갈색으로 울긋불긋하게 물들어 있는 모습이 흩어져 있다. 계속해서 정원에서 재배되는 꽃들로 꽃꽂이를 완성하여 성 내부를 장식하고 있다. 꽃피는 춘삼월 정원 가꾸기에 열정적인 부모님을 모시고 오면 함박웃음을 지을 것 같다는 생각이 맴돈다. 매혹

이라는 단어에 대해 계속해서 마음이 간다. 디안이 긴 머리를 풀어 헤치고 목욕을 즐겼다던 쉐흐 *Le Cher* 강물에 흘려보낸 것들이 궁금하다.

1230년 처음 성이 지어지고 1513년 재무 장관이었던 토마스 보히에와 그의 아내 카트린 브리소네의 손을 거쳐 변신한 슈농소 성은 횡령 건으로 1535년 왕궁에 압수된다. 디안 드 푸에티에가 앙리 2세에게 선물 받은 이후에는 파첼로 다 메르콜리아노에게 자신의 이름을 딴 정원을 만들어 달라고 했으며, 건축가 필리베르 델롬이 성과 강둑을 연결하는 다리를 건설하기도 한다. 물론 카트린 드 메디치는 이 성을 되찾아와 갤러리를 높이고, 외관을 변형하는 등 다시 새롭게 꾸민다. 이후에는 앙리 3세의 사망으로 여왕 루이즈 드 로헨이 상속받았으며, 프랑스 학자, 철학자들을 그녀의 문학 살롱으로 불러들인 계몽주의의 여인 루이즈 뒤팽을 지나 마담 펠루즈를 지나왔으니 정녕 '여인의 성'이라고 칭할 만하다. 여러 손을 거쳐 지금은 개인 사유지로 관리한다고 하니, 국가 보조금을 받지 않고도 유산을 보존하는 것이 대단하다.

끝없이 이어지는 이야기에 홀린 듯한 시간이 지나갔다. 슈농소 성을 멀찍이서 바라본다. 나는 카트린 드 메디치에 대해 그리고 디안 드 푸에티에에 대해 무어라 정의할 수 있을까 생각해 보면서 말이다.

∻ 수많은 이야기의 앙부아즈 성 [89)]

    루이 11세의 아들 샤를 8세는 엄마이자 여왕인 샬롯 드 사보아에 의해 이곳 앙부아즈에서 나고 자라며 안 드 브르타뉴와 결혼까지 하게 된다. 안 드 브르타뉴의 기구한 운명이 여기에서 시작된다. 당시의 브르타뉴 지방은 독립적 지위를 갖는 프랑수아 2세의 영지였다. 브르타 뉴 땅을 지키기 위해 딸 안 드 브르타뉴를 합스부르크 가문의 로마의 왕 막시밀리안 1세와 결혼시키는 것을 프랑스에 대한 모욕이라고 본 다. 당시 어렸던 샤를 8세를 대신해 섭정을 맡고 있던 누이 안 드 프랑 스는 안 드 브르타뉴가 머물고 있던 헨느를 포위하면서 샤를 8세와 강 제로 결혼 서약을 맺게 한다. '브르타뉴 공국과 프랑스 왕국 사이의 평 화를 보장하기 위해서'라고 포장하면서 말이다. 정략결혼이었지만 둘 은 서로를 존중했고 사랑했다. 어린 시절이 녹아 있는 앙부아즈 성을 정원사들과 건축가들을 불러들여 아름다운 고딕 양식으로 바꾸고 주 거지와 예배당, 탑 등을 건설하면서 알콩달콩 지냈다.

    그런데 이게 무슨 일인지, 샤를 8세가 28세가 되던 해에 한창 공사 중이던 성 출입문 돌 모서리에 머리를 부딪혀 요절하게 된다. 후사가 없었던 왕의 죽음은 곧 브르타뉴의 운명과도 연결되어 있었으므로, 사 촌인 루이 12세는 왕위에 오르면서 본부인과 1년 만에 이혼하고 사촌 형수인 안 드 브르타뉴와 재혼한다. 기가 막힌 이야기이다. 앞서 이야 기했던 것처럼 아들이 없었던 루이 12세도 딸 클로드 드 프랑스를

앙부아즈 성(Château Royal d'Amboise)

Mnt de l'Emir Abd el Kader, 37400 Amboise
운영시간 | 매일 9:00~18:30

1514년 그녀의 사촌 프랑수아 당굴렘과 결혼시키면서 앙부아즈 성의 르네상스가 펼쳐진다.

프랑수아 1세는 앙부아즈 성에서 어린 시절을 보낸 후 즉위 후인 1515년 1월 이탈리아로 건너가 같은 해 9월 마리냥 전투에서 승리하고 돌아온다. 이탈리아 문화에 흠뻑 취한 프랑수아 1세의 취향은 건축물에서도 드러난다. 또한 레오나르도 다빈치를 초청하고 그를 극진하게 대접하는데, 다빈치가 프랑수아 1세를 만나러 오면서 들고 왔던 선물이 바로 〈모나리자*Joconde*〉(1503), 〈성녀 안과 함께 있는 아기 예수를 안고 있는 성모*La Vierge à l'Enfant avec sainte Anne*〉(1503-1519), 〈성 세례 요한 *Saint Jean Baptiste*〉(1508-1519) 세 점이다.[90]

프랑수아 1세가 레오나르도 다빈치를 클로 뤼세 성*Château du Clos Lucé*에 머물 수 있도록 하면서 첫 번째 왕정 화가의 지위를 주고 연간 700 금화를 지급했다는 증명서가 파리 국립 기록 보관소에 남아 있다. 앙부아즈 왕궁을 연결하는 지하 통로를 통해 두 사람은 매일 서로를 오고 가며 만났다고 하니, 그 둘의 열정이 대단하다. 레오나르도 다빈치는 앙부아즈에 머무는 동안 프로젝트에서 프로젝트로 연결해 가며 다양한 작업을 펼쳤는데, 개중에는 진실도 있고 추정도 있다.

그는 왕을 위해 마리냥 전투를 재현해 냈고, 프랑수아 1세가 새로운 도시를 건설하기를 원했던 로모랑탱에서의 이상적인 성에 대한 계획을 세우기도 했다.[91] 병에 들면서 실현되지 못하였지만 말이다. 여러 스케치가 비슷한 모양새인 것을 봐서 샹보르 성의 이중 나선형 계

클로 뤼세 성(Château du Clos Lucé)

2 Rue du Clos Lucé, 37400 Amboise

운영시간 | 매일 9:00~19:00

단에 대한 영감을 주었을 수도 있겠다고 이야기한다. 로렌초 2세 데
메디치와 마들린 드 르 투르 도베르뉴의 결혼식과 프랑수아 드 프랑스
의 세례식을 축하하는 이중 행사 계획을 맡았다니 얽히고설킨 역사 이
야기라는 표현이 딱 맞다.

　장 오귀스트 도미니크 앵그르가 그린 죽어 가는 레오나르도 다빈치
의 곁을 프랑수아 1세가 지키고 있는 그림 〈레오나르도 드 다빈치의
죽음La Mort de Léonard de Vinci〉(1818)을 보면, 다빈치는 외롭지 않게 떠났
던 것 같기도 하다.

　레오나르도 다빈치의 무덤의 유해가 미스터리로 남아 있다는 사실

에 약간의 충격을 받았다. 생 플로랑탱 성당*Église Saint-Florentin d'Amboise*에 잠들어 있던 그의 유해가 나폴레옹 시절 앙부아즈의 상원 의원에 의해 파괴되었단다. 그 이후에 아르센 우세가 근처를 수색하고 발굴하면서 그와 신장이 비슷하고 수염과 머리카락의 잔해, 그리고 단어들이 새겨진 비석을 발견해 레오나르도 다빈치의 유해로 추정하여 생 위베르 왕실 예배당*Chapelle Saint-Hubert du château royal - Amboise*에 안치했다. 물론 이 유해의 DNA나 새로운 사실에 대해서 밝혀진 바는 없고 유해로 '추정*Présumés*'된다고 한다. 하지만 레오나르도 다빈치를 기억하는 수많은 이들의 발걸음을 이리로 향하게 한다는 것에 그는 하늘에서도 외롭지 않을 것이다. 오늘은 프랑수아 1세와 두 사람이 어떤 따뜻한 담소를 나누려나 떠올려 보면서 레오나르도 다빈치의 죽음의 색깔은 무슨 색일까 상상해 본다.

역대 왕부터 레오나르도 다빈치까지 수천 개의 별들이 피어난 앙부아즈는 계절에 상관없이 지지 않는 별꽃들로 수놓아져 있어 더욱 아름답게 다가온다.

∴ 반짝이는 도멘 드 라 따이 오 룹

2023년 5월, "식물은 기억을 가지고 있다(Le végétal a de la mémoire)."는 멋진 말을 남긴 재키 블로 아저씨가 루아르의 별이 되었다는 영면 소식이 들려왔다.

제과 견습생 *Apprenti pâtissier* 으로 첫 스타트를 끊어서 그런지 재키 블로의 와인은 마치 제과처럼 또 요리처럼 구조적이고, 잘 짜여 있으며 섬세하고 촘촘하다. 와인 중개업자를 거쳐 몽루이 *Montlouis* 의 7 *ha*라는 작은 밭에서 시작해 지금은 70 *ha*의 부지에서 포도를 수확해 낸다. 좋은 와인은 지하 숙성실에서만 만들어지는 게 아니기 때문에 땅이 생명을 가지고 포도나무를 하나씩 조각해 낼 수 있도록 심혈을 기울인다. 0 보당*, 0 티하쥬**, 0 도자쥬***로 설탕이 전혀 들어가지 않은 100% 슈냉 *Chenin* 품종의 트리플 제로 *Triple 0* 는 90년대 혁신을 불러일으켰다. 미네랄리티가 느껴지고 아로마가 확실한 화이트와인 생산자의 끝판왕답게 떼루아별로 분류되어 다양하고 깊게 탐색할 수 있다는 것은 강점 중의 강점이다. 샴페인 부럽지 않은 버블과 크리미함이 슈냉의 순수함을 강점으로 이끌어 낸다. 신선한 바람에 흔들리는 한 송이의 흰 꽃을

---

* Chaptalisation, 발효 때 포도즙에 설탕을 첨가하는 것.

** liqueur de tirage, 거품을 만들기 위해 당과 효모를 첨가하는 것.

*** liqueur d'expédition/Liqueur de dosage, 병목 침전물을 배출하는 데고르주망(Degorgement) 이후 당을 첨가하는 것.

탐하는 나비와 꿀벌, 코를 찌르는 녹색의 향기, 잘 익은 과육들 덕분에 수많은 감각이 깨어나 머릿속에서 축제의 장이 펼쳐지는 신비한 경험은 루아르 강물에서 헤엄쳐 나온 듯 온몸을 전율하게 했다. 가장 먼저 버블감 가득한 트리플 제로를 목으로 넘기고 탄산감 없는 100% 슈낭 화이트와인을 맛보아야 한다. 같은 품종을 떼루아별로 구별해 만들어 낸 끌로 드 모니*Clos de Mosny*, 끌로 미셰*Clos Michet*, 끌로 뒤 호셰*Clos du Hochet* 도 일품이다.

저렴한 와인이라는 인식을 단박에 박살 내고, 새 생명을 불어넣은 재키 블로를 계속해서 만날 수 없다는 것에 아쉬움이 느껴진다. 미소와 온기, 주름 하나하나에 서려 있는 회상 안의 기억들, 미지의 신비를 보여 준 재키 블로를 오래도록 잊지 못할 테다. 다만 아버지를 뛰어넘는 아들 장 필립 블로의 젊은 피를 수혈하며 또 한 번의 멋진 연금술을 보여 주기를 희망한다.

도멘 드 라따이 오 룹
(Domaine de la Taille aux Loups)

8 Rue des Aîtres, 37270 Montlouis-sur-Loire
영업시간 | 월~토 9:00~17:30
　　　　 | 브레이크타임 12:00~14:00

❖ 기적의 마을 느베르

먹구름이 덮인 날, 드넓은 베일 장막을 걷어 줄 흩어진 빛줄기를 찾는다. 그러다 비를 즐기기로 마음먹었다. 이 촉촉함이 없다면 풀도 꽃도 나무도 자라지 않을 테다. 그리고는 마음 한편에 작은 정원을 가꾼다. 예상치 못한 비가 오거나 폭풍우가 쳐도 웃음으로 맞이할 수 있도록 말이다. 마음이 물러진 것을 어떻게 알아채셨는지 곁을 지나는 수녀님이 활짝 갠 웃음으로 "당신에게 평화가 있기를(La paix soit avec vous)."이라며 말을 건넨다. 역시 예술과 성역의 도시 느베르다.[92]

3세기에 복음화가 시작된 느베르는 그로부터 300년 후 주교 관할 구역으로 이름을 올린다. 이 느베르 대성당*Cathédrale Saint-Cyr et Sainte-Julitte de Nevers*에는 전설이 하나 내려온다. 8세기 샤를마뉴 대제는 어느 날 꿈을 꾼다. 숲속에서 사냥을 즐기던 중 잔뜩 성이 난 멧돼지를 만난 것이다. 제발 목숨만 살려 달라는 기도를 하늘에 올리자 어디선가 한 아이가 벌거벗은 채로 나타나 베일을 내어 주면 샤를마뉴를 도와주겠다고 한다. 그는 선뜻 몸을 가릴 베일을 주고 꿈에서 깬 대제는 이 악몽에 대한 설명을 듣기 위해 주교들을 소환한다. 느베르의 주교 제롬은 어린 아이는 3~5세 사이에 순교한 생시르*Saint Cyr*를 나타내고 베일은 교회 재산의 반환과 성당의 복원을 말한다고 설명했다. 정말 샤를마뉴는 이 해몽을 듣고 대성당을 재건할 수 있도록 물심양면으로 도왔다. 이 내용은 성당 마지막 기둥머리 주두에 아주 얕게 부조되어 있다. 엷은 실

느베르 대성당
(Cathédrale Saint-Cyr et Sainte-Julitte de Nevers)

6 Rue Abbé Boutillier, 58000 Nevers

소가 터져 나왔지만, 성당이니만큼 경건한 마음을 다잡아 보았다. 아주
화려한 스테인드글라스 장식도 볼 만했다.

느베르는 지리적 위치 덕분에 요새로 발돋움하며 크루스 문 *Porte du Croux* 유적은 그 시절을 생생하게 기억하고 있다. 1467년 장 드 브루고
뉴가 형의 죽음으로 느베르 백국을 이어받으면서 성이 한 채 지어지는
데, 이것이 바로 듀칼 궁전 *Le Palais ducal* 이다. 물론 죽음 전에 완성할 수
없었기 때문에 1565년 앙리에트 드 클레브와의 결혼으로 이탈리아에
서 오게 된 루이 곤자그가 공국으로 변모한 느베르를 맡아 성을 건축
해 나간다. 이때 본국에서 데려온 도기 장인 오귀스트 콘라드와 이곳
을 거점으로 토기 예술이 발달해 17세기 프랑스 왕국의 최초 토기 중
심지가 된다.[93]

느베르 토기 아틀리에
(Faïencerie d'Art de Nevers)

1 Rue Sabatier, 58000 Nevers
운영시간 | 화~토 10:00~19:00
| 브레이크타임 12:00~14:00

이회토*와 점토를 미묘하게 혼합해 사용하여 구워내 에나멜 유약 처리까지 완료하면 파이앙스Faïence라는 용어를 붙일 수 있다. 15세기 부터 도기 생산의 중심지인 이탈리아의 작은 마을 파엔차Faenza에서 유래된 느베르의 파이앙스는 파란색이 유명하다. 첫 번째와 두 번째 소성 모두 저온에서 구워 내는 저화도유 그헝푸Grand feu라고 불린다. 노란색, 보라색, 녹색, 푸른색이 대표적인 색이며, 장식 수정이 불가하기 때문에 아주 까다로운 작업이다. 일련의 과정을 거치고 나면 루아르 강을 타고 빠르게 퍼져 나간다. 아직도 토기 장인들이 그 명맥을 이어 나가고 있으니 그릇에 관심이 많다면 눈여겨볼 만하다. 만물의 근본인 흙에서 채취한 화려함이 마음을 수놓는다. 우아한 본연의 역할에도 충실할 수 있으니 구매 욕구가 늘어 가는 것은 당연하다.

* 물을 잘 머금는 석회석이 고루 섞인 진흙토.

느베르에서 볼 것은 신비로운 색감뿐만이 아니다. 성모님의 발현을 함께한 베르나데트 수녀는 기적을 경험한 이후 느베르 사랑의 수녀회 *Les Soeurs de la Charité à Nevers*로 합류해 죽음 직전까지 봉사하다가 35세의 나이로 삶을 마감한다. 그런데 그 시신이 아직까지도 전혀 부패하지 않은 채 성소*Couvent de Saint-Gildard*에 안치되어 있다. 1909년, 1919년, 1925년 세 차례에 걸쳐 그녀의 육신을 확인하는데 매번 썩지 않고 바로 어제 눈을 감고 잠든 모습이었다. 그렇게 1933년 성인으로 선포된다. 유리관에 누워 깊은 꿈나라에 빠진 수녀님의 얼굴을 바라보았다. 사라지지 않고 영원히 잊히지 않을 고운 낯빛이 숨이 막힐 정도로 아름다웠다.

'루아르'라는 커다란 장밋빛 덩굴에 가려져 빛을 많이 보지 못한 작고 조용한 마을이지만 비밀의 문을 열고 생명력과 장인 정신이 깃들어 있는 이곳을 꼭 들러야 한다.

느베르 수도원(Couvent de Saint-Gildard)

Couvent de Saint-Gildard, 58000 Nevers
운영시간 | 매일 10:00~18:00
      | 브레이크타임 12:00~14:00

Part 3

강물을 따라
육각형 프랑스 탐하기

붉은 달빛 항구 보르도

france

가론 강
(Fleuves Garonne)

보르도 와인 박물관(La Cité di Vin)

134 Quai de Bacalan, 33300 Bordeaux

운영시간 | 매일 10:00~19:00

와인은 알쏭달쏭한 술이다. 한 모금 삼키면 입안이 보랏빛으로 물들고 두 모금 삼키면 세상 모든 것이 아름다워 보인다. 세 모금째에는 사계절의 모든 바람이 다 느껴지기도 한다. 신비로운 큐피드의 화살에 혀는 소용돌이치고 감각은 살아난다. 어떤 이는 낙원의 물이라 칭하고, 또 어떤 이는 악마의 속삭임이라고도 하는 와인. 이런 와인 애호가들을 설레게 만드는 도시, 아름다운 달빛 항구 보르도⁹⁴⁾로 향한다.

지도를 보면 가론 강^{Fleuves Garonne}이 굽이치는 초승달 모양이 눈에 띈다. 2000년 전 마을들의 어원이 불분명하듯 보르도 또한 그렇지만, 고대 그리스 지리학자 스트라본의 저서에 처음 '보르도Bordeaux'라는 단어가 등장한다. 갈리아 로마 시대에 비튜리즈 비비스크인Bituriges Vivisques들이 정착하면서 '습지와 강의 피난처'라는 뜻의 축약형 부르디갈라Burdigala라고 불리다가 방언 가스콩Gascon의 영향을 받아 보르데Bordèu로 또 중세시대에는 부르도Bourdeaulx로 변화하였다고 한다.

이 도시는 대서양으로 나아가는 길목에 있어 지롱드Gironde 하구로 합류하는 가론 강과 도르도뉴 강Fleuves Dordogne 덕분에 강한 해류로부터 보호받을 수 있었다. 내륙과도 쉽게 연결되어 2000년이 넘는 세월 동안 문명, 정치, 상품 교류의 장이 될 수 있었다. 1세기의 와인은 폼페이, 나르본, 스페인에서 들여온 와인이 상당수였지만, 카베르네Cabernets의 조상 격인 저항성 포도 품종인 비투리카Biturica를 들여오며 보르도 와인의 첫발을 내딛게 된다. 4세기 시인 오존은 보르도를 두고 "포도주와 강물로 설명되는 당신(Toi qu'illustrent tes vins et tes fleuves)"이라고 표현했다.

보르도 와인은 12세기부터 빠르게 급부상하는데, 1152년 아키텐의 알리에노르가 앙리 2세와 결혼하며 보르도 지역을 지참금으로 가져가게 되면서부터다. 알리에노르는 루이 7세와 결혼해 프랑스 왕비의 자리를 15년간 지켰지만, 이혼 후 재혼한 앙리 2세가 영국의 왕이 되면서 이번에는 영국 여왕이 된다. 결국 영국 역사 3세기 동안 보르도는 영국에 대한 와인의 생산, 판매, 운송 및 유통에 대한 독점권을 가질 수밖에 없었다. 이는 백년 전쟁의 서막이라고도 불리는데, 프랑스 입장에서는 벌어들이는 세금이 갑자기 줄어드니 배가 아플 만도 했을 것이다.

1328년, 필립 4세의 막내아들 샤를 4세가 단명하면서 프랑스 왕국은 왕위 계승 위기를 겪게 된다. 당시에는 살리카 법 *Loi salique* 때문에 여성은 왕위 계승을 받을 수 없어 조카 필립 6세가 왕의 자리에 오른다. 필립 4세의 딸 이자벨은 당시 영국 왕 에드워드 2세와 결혼해 아들 에드워드 3세를 낳았다. 아들이 영국의 왕위 계승자가 되자 에드워드 3세가 필립 4세의 적통으로 프랑스 왕위에 오를 권리가 있다고 주장하면서 1337년부터 1453년까지 길고 긴 백년 전쟁이 일어난다. 잔 다르크의 활약 덕분에 프랑스의 승리로 샤를 7세의 손에 보르도가 들어갈 때까지 말이다.

1475년 모든 상황이 안정되면서 루이 11세는 다시 영국 선박의 보르도 진입을 허가하지만 이전과 같은 수출입의 규모는 재건되지 않았다. 그러다가 17세기 네덜란드 고객이 나타나면서 새로운 번영의 시기가 도래한다. 19세기에는 만국 박람회를 계기로 나폴레옹 3세에 의해 포도주 분류법 *Classification officielle des vins de Bordeaux de 1855*을 완성해 1등급에서 5등급까지의 와인을 분류한다.

와인은 취향인지라 어떤 와인이 우위를 선점한다고 말하기 조심스럽지만, 1등급 5대 샤또*는 아직도 그 명성을 탄탄하게 지키고 있는 꿈의 와인이다. 1936년에는 와인에 원산지 명칭 통제를 하여 와인의 품질을 보호하기 시작한다.

길고 긴 와인 역사는 보르도의 대표 디저트 까눌레*Canelés*에도 영향을 미친다.95) 오랫동안 포도주 양조업자들은 콜라주 기술*La technique du collage* 과정에 달걀흰자를 청징제로 이용했다. 와인에 흰자를 추가하면 알코올과 알부민이 결합하면서 불순물을 제거하는 역할을 훌륭하게 수행했기 때문이다. 남은 노른자로 1519년 아농시아드 수녀원*Couvent des Annonciades* 수녀님들의 손에서 탄생한 과자를 까눌레의 시초로 본다.

까눌레에 대한 이름은 분분하다. 홈이나 고랑을 뜻하는 가스콩 언어 'Canelat'에서 파생되었다고 보기도 하고, 당시에는 지금과 같은 모양이 아닌 막대에 둘둘 말아 돼지기름에 튀긴 형상이었는데, 튀기는 데 사용했던 막대의 이름인 'Cane'에서 유래되었다고 보기도 한다. 17세기 보르도 사람들이 좋아했던 밀가루와 달걀노른자의 조합으로 탄생한 'Canaule'의 이름을 따왔다고도 말한다. 까눌레의 철자도 n이 한 번 들어가는 'Canelés'라고 사용해야 진정한 보르도산 까눌레라고 말한다. 두 번 들어가는 'Cannelés'는 가짜라고 외친단다.

20세기 초에 들어서면서 한 제과사가 보르도 대극장*Grand Théâtre de Bordeaux*의 기둥인 도리스 양식*La forme dorique*에서 영감을 받아 12개의 홈이 있는 주형을 만들고 럼과 바닐라를 추가하여 지금의 레시피에 가까운 형태로 개선된다.

* 샤또 라피트-로쉴드(Château LAFITE-ROTHSCHILD: Pauillac), 샤또 라투르(Château LATOUR: Pauillac), 샤또 마고(Château MARGAUX: Margaux), 샤또 무똥 로쉴드(Château MOUTON ROTHSCHILD: Pauillac), 샤또 오브리옹(Château HAUT-BRION: Pessac).

　간단한 것 같지만 반죽에 충분히 휴지 시간을 주어야 구웠을 때 단면에 고르게 기공이 생겨 적당한 식감을 안겨 준다. 겉은 바삭하고 속은 촉촉한 프랑스식 풀빵은 지하철역에서 갓 구운 델리만쥬 냄새를 지나치지 못하는 것처럼, 내게 있어 겨울철 붕어빵의 역할을 대신한다. 투박한 종이봉투에 5개, 10개씩 골라 담아 강을 산책하는 일은 한강부지를 걷는 듯한 착각을 불러일으키기도 한다. 나와 많은 우리들 속에 삶이 포개지며 숨 쉬는 일상이 느껴진다.

　시간이 지나면서 촉촉함이 쫀득함으로 변한다. 이번 주말에는 곤히 잠자고 있던 황동 틀을 깨워 목욕재계시킨 뒤 친구들을 위해 거품기를 손에 쥐어야겠다.

　1,810ha에 달하는 광대한 면적이 2007년 유네스코 세계유산에 등록된 사실은 고전주의와 신고전주의 건축 앙상블의 모범적 도시인 보르도의 면모를 발견하게 해 준다. 까눌레 한 봉지를 사 들고, 거리를 걷는 것만으로도 흥미로운 보르도 여행은 완성이다.

대종탑(Grosse Cloche)
Rue Saint-James, 33000 Bordeaux

까이요 문*Porte Cailhau* 으로 도시에 진입하여, 부르스 광장*Place de la Bourse* 의 잔잔한 물 카펫 위에서 춤을 추는 건물들과 캥콩스 광장*Place des Quinconces*, 코메디 광장*Place de la Comédie* 까지 보면서 보르도 스타일이란 무엇인가에 대해 확실하게 알 수 있고, 페이 베를랑 탑*la tour Pey Berland* 에 올라가면 도시를 한눈에 내려다볼 수 있다. 보르도 대성당*Cathédrale Saint-André de Bordeaux* 은 또 어떠한가. 대종탑*Grosse cloche - Porte Saint Éloi* 에서 울려 퍼지는 종소리가 낮의 신데렐라처럼 12시임을 알린다. 때를 맞춰 와인 박물관에서 다양한 향기와 색감에 취해 가론 강을 바라본다. 사랑과 역사가 알맞게 버무려져 가론 강 위 은하수처럼 펼쳐져 맛깔난 발효주가 되었다. 빵도 술도 사람도 적당한 시간이 지나야 제맛이다. 최면에 빠져든 듯 심장을 뛰게 하는 붉은 액체와 함께 술이 익어 가는 소리를 내는 보르도를 면밀히 들여다보고 나를 들여다본다. 태양이 달빛에 가려지고 강물이 춤을 추며 하늘까지 닿을 기세다.

❖ 사랑의 묘약 샤또 뒤 타이앙

'옛날 옛적에'로 시작하는 문장은 호기심을 자극하기 충분하다. 푸아티에 전투에서 샤를 마텔에 패배한 무어 추장의 딸 블랑카가 이곳의 평온함에 매료되어 요새를 건설하고 정착했다는 오래된 전설이 남아 있는 이곳은 12세기 공식 문서로 등장한다.[96] 가을이 되면 포도밭 덩굴 위로 뭉게뭉게 흰 안개가 퍼지며, 블랑카가 저택의 번영을 위해 하얀 유령 *Dame Blanche*의 모습으로 돌아온다고 믿고 있다. 1896년 앙리 크루즈가 인수하면서 지금은 5명의 딸들이 운영하고 있어, '보르도의 열정적인 작은 아씨들'이라는 별명이 딱 맞다.

블랑카부터 지금의 딸들까지 여성들이 지켜 온 견고한 성채는 어쩐지 웅장한 모습이 강인하면서도 부드러움이 느껴졌다. 샤또는 1964년 부분적으로 프랑스 역사 기념물로 지정되어 볼거리가 굉장히 많았는데, 지하 포도주 저장고부터 단계적인 여행이 시작되었다.

1855년 분류에 포함되지 않았지만 훌륭하게 빚어진 보르도 와인은 1932년 크뤼 부르주아*Cru Bourgeois*라는 분류로 다시 한번 정리된다. 이곳의 와인은 2020년 그중에서도 상위 버전이라 칭하는 크뤼 부르주아 엑셉시오넬*Crus Bourgeois Exceptionnelle* 등급으로 분류되고 있다.

메독*Médoc* 지방은 크게 남북으로 오뜨 메독*Haute-Médoc*과 바 메독*Bas-Médoc*[97]으로 나뉘며, 마고*Margaux*, 물리스*Moulis*, 리스트락 메독*Listrac-Médoc*, 쌩 줄리앙*Saint-Julien*, 뽀이약*Pauillac*, 생 테스테프*Saint-Estephe*를 포함하고 있

샤또 뒤 타이앙(Château du Taillan)

56 Av. de la Croix, 33320 Le Taillan-Médoc

다. 어릴수록 드라이하고 탄닌이 강해 파워풀하고 활기차 생생한 맛을 전달하며, 해가 지날수록 깊어지는 심연의 맛을 끌어낸다.

　빈티지에 따라, 또 지역과 품종에 따라 과일의 신맛의 강약이 조절되며 복잡한 맛을 뽐낸다. 까베르네 소비뇽*Cabernet Sauvignon* 과 메를로 *Merlot* 가 주를 이룬 이곳의 레드와인은 조밀하고 탄탄한 구조감을 바탕으로 검은 과실의 아름다운 복합미가 느껴지고, 둥근 탄닌이 입안에서 부드럽게 감싸 안는다. 마치 꽃다발을 마시는 느낌이었다. 지금 이 순간만큼은 100*ha*의 모든 땅을 내 품에 안은 것 같았다. 노을이 지는 날 떨어지는 붉은 해를 바라보며 마시기 딱 좋겠다. 고대 그리스 시인 알카이우스의 "와인 속에는 진실이 있다(In vino veritas)."는 말이 떠오른다. 어떤 이의 속마음을 들여다보고 싶을 때 주술을 외우며 묘약처럼 코르크 마개를 열어야겠다.

❖ 술 깁는 샤또 라뚜르

　라뚜르를 언급한 가장 오래된 문서는 1331년에 작성된 생모베르 교구*la paroisse de Saint*에 요새화된 탑의 건설을 허가하는 내용이다. 백년 전쟁 중에 영국군에 의해 점령되기 전 프랑스 왕을 섬기는 브르타뉴 수비대에게 특히 유용했다.[98]

　16세기 말까지는 소유주가 토지를 경작하는 농부들에게 임대료를 받는 방식이었다. 와인의 저장 요건이 불안정해 1년 안에 마셔야 했기 때문에 수요보다 공급이 우세했지만, 18세기 알렉상드르 드 세귀가 소유하면서 와인 수출에 박차를 가하며 인지도가 올라간다. 1716년에는 라피트*Lafite*의 땅을, 1718년에는 무통*Mouton*과 깔롱*Calon*의 땅을 인수하면서 더욱 탄탄하게 성장해 나간다. 1767년에 라뚜르 와인 한 배럴은 보르도 지역의 어떤 와인보다 20배나 더 가치가 있었다고 하니 혀를 내두를 만하다.

　1963년 영국의 기업 피어슨, 알라이드가 차례로 지분을 상당 부분 소유했었지만 1993년 6월, 케링 그룹 프랑수아 피노가 93%의 주식을 매입하면서 다시 프랑스의 손으로 들어왔다.

　포도 품종은 카베르네 소비뇽*Cabernet sauvignon 76%*, 메를로*Merlot 22%*, 프티 베르도*Petit verdot*와 카베르네 프랑*Cabernet franc*으로 구성되어 있으며 80만 그루나 되는 60년 수령의 나무를 매일 어루만지며 손으로 수확

샤또 라뚜르(Château la Tour)

Saint - lambert 33250 pauillac

한다. 역시 수작업의 값어치가 대단하다. 변함없이 규칙적이고 조화로운 와인을 생산해 내는 라뚜르는 2012년부터 앙 프리뫼르* 와인을 판매하지 않는다. 그 이유는 포도주가 구매자의 잔에 담길 때 최상의 품질을 보장하기 위해 샤또에서 숙성 후 통제하기 위함이다. 2015년에는 유기농법 인증을 받으면서 그 매력이 함께 상승했다.

우리나라에서는 2000년 6월 남북 정상 회담에서 김대중 전 대통령과 김정일 전 국방위원장이 잔을 맞댄 와인이 라뚜르 1993 빈티지였고, 2007년 이건희 전 삼성 회장이 전경련 회장단 회의에서 1982년 빈티지를 대접하면서 그 인지도가 더 높아졌다.

만화책《신의 물방울》6권에서 "깊은 숲, 강한 생명력, 신비한 와인으로 아로마와 맛이 혀 위에 겹겹이 쌓여서 긴 여운으로 바뀌어 오래도록 남는다."라고 말한 표현이 생각난다.

값이 너무 부담스러울 경우 와이너리의 기준에 부합하는 대표 제품이 아닌 한 단계 낮은 제품을 맛본다든가 보급형 와인으로 그 느낌을 즐겨 보는 것도 괜찮다.

한 번 맛보면 다시는 잊지 못한다는 라뚜르. 코를 강렬하게 자극하는 꽃향기부터 커피, 가죽향을 풍기는 길고 우아하며 세련된 고운 탄닌이 느껴진다. 화려하면서 고급스럽고, 에너지가 강렬하다. 붉은 과실부터 검은 과실까지 폭발적인 아로마가 나무, 풀잎향과 어우러져 은은하다. 형 라뚜르를 쫓는 아우 라뚜르 느낌이랄까. 한 단계 높은 끝판

* En Primeur, 병입 전 미리 와인를 선점해 구매할 수 있는 방식.

왕은 얼마나 더 멋진 퍼포먼스를 보여 줄까 궁금하기도 했다. 토양, 지형, 기후가 만들어 내는 완벽한 하모니로 자연이 주는 선물에 여운이 맴돈다.

입안에서의 축제 생떼밀리옹

france

생떼밀리옹
(Saint-Émilion)

구름 위에는 천국으로 가는 문이 있을까? 보르도 우측의 문을 열면 짝꿍인 생떼밀리옹으로 이동할 수 있다. 천혜의 건강한 땅이 주는 약속의 산물이 흘러넘치는 포도 재배 지역이다. 1999년 유네스코 세계유산으로 지정되었는데, 와인 산지 중에서는 처음으로 포도원 풍경이 등재되었다. 잘 영근 수천만 개의 포도알이 흩날리는 바람과 함께 왈츠 연주를 시작하면 콧노래를 흥얼거리며 황금빛 물결의 계단을 오른다.

750년경, 브르타뉴*Bretagne* 에서 에밀리앙이라는 수도사가 쿰비스 숲

*La forêt de cumbis*의 동굴에 당도한다. 오로지 하느님을 섬기며 17년 동안 충실히 복음을 전파하고, 샘물로 세례를 받으러 온 눈먼 여인의 시력을 회복시키는 등 여러 기적을 행함으로 많은 수도자들이 모여들었다.

그가 세상을 떠난 뒤 그 동굴을 확장하여 지은 것이 생떼밀리옹 단일체 교회 *Église monolithe de Saint-Émilion*다. 교회를 보면 지하 공간에 놀라고 그 구조에 한 번 더 반하게 된다. 이 주변으로 마을이 형성되었고, 중세 시대를 거쳐 확장되면서 이 수도사의 이름을 따 생성된 것이 바로 생떼밀리옹이다. 걷다 보면 돌길이 굉장히 많은데 1152년 땅의 주인이 바뀌면서 영국으로 많은 와인을 수출하게 되었을 때 배의 흘수선을 맞추기 위해 영국에서부터 실어 온 돌을 도르도뉴 강변에 버리고 와인을 가져갔다. 이 돌로 길을 만든 것이 바로 이 마을 곳곳의 골목길이다. 생떼밀리옹[99]에서 밟는 영국 돌이라니 색다르다.

1199년에는 도시의 일반 행정을 관리하기 위해 존 래클랜드가 자신의 경제적, 정치적, 사법적 권한을 위임한 주라드*Jurade*라는 규제 기관을 설립하였고, 와인의 품질 또한 관리 대상이었다. 주라드는 오늘날까지 생테밀리옹 와인의 명성을 지속하는 데 일조하고 있다.

13세기에는 성벽이 지어지고 성문과 왕의 탑*La Tour du Roy*이 건설된다. 백년 전쟁과 혁명을 거치며 많은 부분이 파손되었기에 조금은 아쉬웠다.

크뤼 드 생떼밀리옹 분류*Classement des Crus de Saint-Émilion* 개념은 1952년에 국립원산지품질연구소*INAO*와 농업부의 후원으로 분류 규정 초안이 개발되었다. 1955년 생떼밀리옹 그랑 크뤼 클라세*Saint-Émilion Grand Cru*

*Classé*가 확립되어 10년마다 분류가 재검토된다고 하여 당시 굉장히 신선한 충격이었다. 2022년 그랑 크뤼 클라세 A *Grands Crus Classés A*를 계속해서 유지했던 샤또 오존*Château Ausone*과 샤또 슈발 블랑*Château Cheval Blanc*이 탈퇴 의사를 밝히며, 와인계는 생떼밀리옹 와인의 존속에 대해 이러쿵저러쿵 떠들고 있지만 말이다.[100] 2012년 샤또 앙젤루스*Château Angelus*와 샤또 파비*Château Pavie*가 새롭게 그랑 크뤼 클라세 A로 진입했는데, 샤또 앙젤루스가 이 분류에 개입하며 불법 자금 수수 사건에 연류되었다. 2021년에 그 죄가 인정되어 6만 유로의 벌금형을 선고받는다. 결국 샤또 앙젤루스도 탈퇴를 확정 지었다. 늘 분류 선정 이후에 말이 많이 나오고, 법적 분쟁까지 휘말리지만 유명세는 끝나지 않는 생떼밀리옹 와인이다. 현재 그랑 크뤼 클라세 A는 샤또 피작*Château Figeac*과 샤또 파비가 자리를 지킨다.

얽히고설킨 와인계 뉴스를 곱씹으며 1.5km에 달하는 옛 성벽 터를 지나 브뤼넷 문*Porte Brunet*을 통과한다. 12세기에는 이 문을 지나려면 세금을 내야 했다던데, 와인으로 내도 됐으려나 하는 생각을 하면서 말이다.

고소한 향기에 발이 고정된 듯 움직이지 않는다. 이곳에서는 우르술린 공동체 수녀님*Communauté religieuse des Ursulines*에 의해 1620년 만들어진 마카롱을 먹어야 한다. 프랑스 혁명 때 이곳 수녀님들은 뿔뿔이 흩어지게 되는데, 1789년 부탱 수녀님이 피난처 제공과 식사의 대가로 마카롱의 비밀 레시피를 전수했다고 한다.[101] 이 비법은 19세기 미망인

구디쇼의 손에 들어와 대대로 가업을 이어 현재는 나디아 페르미지에가 맡고 있다. 신선한 달걀흰자와 설탕, 아몬드 가루를 사용하며, 달걀은 팩이 아닌 것, 아몬드는 직접 갈아 쓰는 등 수고를 마다하지 않는다. 보통 일이 아닐 텐데 말이다. 한 가지 제품으로 현지인부터 관광객까지 전 세계인의 마음을 사로잡아 골목 끝으로 길게 줄을 늘어뜨리는 기술과 전통이 조합된 솜씨가 대단하다. 역시 장인은 몸도 영혼도 마음까지도 제품에 온전히 갈아 넣어야 하는 듯하다.

마카롱은 앙리 2세와의 결혼을 위해 이탈리아에서 온 카트린 드 메디치로부터 시작되었다고 알려져 있다. 당시에는 마케로네 ^{Maccherone}, 마카로니 ^{Macaroni} 라고 불리며 지역 전체로 퍼져 나가게 되었다. 그리고 19세기 중반이 되어서야 현재 가나슈와 함께 조립하는 형식의 마카롱이 완성된다.

옛날 마카롱은 납작한 표면에 거친 크랙이 있는 것이 특징이다. 입안에 넣으면 쫀득 폭신하게 녹아내린다. 한국의 전통 과자로 치자면 유과가 가장 근접하지 않을까 싶다. 종이에 6개씩 붙어 있는 마카롱을 조심조심 떼어먹는 것이 아이들도 좋아할 만한 요소들이 포함되어 있다. 한번 먹기 시작하면 바닥을 드러낼 때까지 다 먹고 싶은 충동에 사로잡힌다. 쉽게 볼 수 있는 반질반질 미끈한 윤이 나는 쇼케이스 안의 알록달록 보석함 속 마카롱은 아니지만, 흑진주 같은 마력을 지니고 있다.

마치 극장의 장막이 내려오듯 하늘에서부터 땅으로 구름이 살며시 내려오며 해가 진다. 시계는 쉬지 않고 똑딱이는데 빠르게 흘러가는 시간이 살짝 야속하기도 하다. 내내 축복의 땅을 밟고 있었으니 나에게도 어떤 신비롭고 작은 선물 같은 일이 일어나기를 바란다. 내년 가을에는 저 포도밭에 책 한 권을 가지고 앉아 색색에 물들어 하염없이 시간을 음미하며 보낼 수 있기를.

❖ 신인 강자 샤또 발랑드로

길고 긴 역사 속 특별한 역사를 써 나가는 새내기 와이너리가 있다. 바로 샤또 발랑드로*Château Valandraud*다.[102] 은행원이었던 장 뤽 튀느방은 아내 뮤히엘 앙드로와 생떼밀리옹에 정착하게 되는데, 와인 바, 레스토랑, 와인 상인을 거쳐 1990년 0.6*ha*의 토지를 인수해 직접 집 창고에서 포도주를 담그기에 이른다. 그렇게 손으로 포도를 하나하나 분류하고, 으깨고, 발효시킨 위대한 가라지 와인*Vin de garage*이 1991년 탄생했다. 아주 좁은 토지를 가지고 소규모로 창고에서 양조하는 와이너리를 가리키는 단어로, 1979년 시작된 뽀므롤*Pomerol* 지역의 샤또 르 팽*Château Le Pin*과 발랑드로가 대표 주자다. 계곡이라는 뜻의 'Val'과 아내의 성을 따 발랑드로 라는 이름이 완성되었고, 1991년에는 2,000병 미만의 와인을 10유로가 조금 넘는 가격에 판매했다고 한다. 1995년, 와인 대통령으로 잘 알려진 로버트 파커가 매긴 발랑드로의 점수가 95점으로 샤또 오존93점과 샤또 슈발블랑92점의 점수를 넘어서면서 스타 반열에 오른다.[103] 양조에 대한 정규 교육을 받지 못했음에도 이렇게 본인만의 작은 우주를 만들어 내다니 그 열정에 찬사를 보낸다. 그의 이름 장 뤽 튀느방*Jean-Luc Thunevin*에도 와인이라는 뜻의 'Vin'이 떡 하니 있는 걸 보면 이미 이 일을 해야만 하는 사명을 가지고 태어난 사람이 아니었을까. 2012년에는 그랑 크뤼 클라세 B에 이름을 올렸다. 앞으로 A로 승격할 가능성이 다분하다고 하니 흥미롭다. 작디작은 포도밭에

샤또 발랑드로(Château Valandraud)

Château Valandrau, 33330
Saint-Étienne-de-Lisse

서 시작해 벌써 10*ha*가 넘는 땅에서 평균 수령 35년인 포도나무들이 경작된다. 점토 석회암 고원을 기반으로 메를로*Merlot* 70%, 까베르네 프랑*Cabernet Franc* 25%, 까베르네 소비뇽*Cabernet Sauvignon* 5%가 재배되고 있다. 헥타르당 6,500그루의 나무를 심고, 한 그루에서 나는 포도의 양을 제한해 선별에 선별을 거쳐 생산된다. 자신들의 DNA는 다르게 생각하고 존재하는 것이라 표현하는 부부의 다음 이야기는 무엇일까 기대된다.

버섯과 젖은 숲 향이 콤콤하게 올라오면서 블랙베리, 블랙체리, 익은 자두 끝으로 약간의 바닐라향이 느껴졌다. 묵직하게 입안을 감싸면서 로즈메리, 민트, 그리고 스파이시함이 탁 하고 스친다. 거대한 숲을 들이마신 것 같다. 새로운 맛의 감각을 열어 주었다. 사랑을 마시고, 대담함에 건배하고, 노하우를 배운다. 신선하면서도 응축된 개성 넘치는 발랑드로와 함께라 따뜻하다. 다가오는 새싹이 피어오르는 봄, 아직은 쌀쌀한 변덕스러운 날씨에 계절감을 상실하게 될 때, 다시 한번 이 와인이 생각날 것이다.

❖ 과거와 현재를 잇는 코르들리에 수도원

14세기 걸작 코르들리에 수도원 *Cloître des Cordeliers* 은 마을에서 가장 고풍스럽고 상징적인 장소로 허리에 밧줄 같은 끈을 두른 프란체스코 수도사들이 머물렀던 곳이다.[104] 성벽 밖에 세워졌던 수도원이 계속되는 영국과의 전쟁으로 수많은 공격을 받자 교황청에 성벽 내 이전을 요청하고 허가를 받아 내며 새롭게 예배당, 본관, 회랑, 정원, 지하실, 안뜰 등이 건축된다. 버려져 있다가 1892년에 메이노 *Meynot* 가문이 부지를 구입하는데, 병입 와인의 판매 부진에 충격을 받아 생떼밀리옹 와인을 샴페인으로 만들어 보겠다는 강한 포부를 가지고 샹파뉴 *Champagne* 지역에서 직접 공부해 레드와인의 땅에서 스파클링 와인을 생산하기 시작한다.

마을과 회랑을 관통하는 미로 같은 저장고에서 크레망 *Crémant* 이 12도의 일정한 온도와 습도로 숙성되고 있다. 작은 전동 카트를 타고 생떼밀리옹 마을 한 바퀴와 저장고를 돌아보았다. 어두컴컴한 공간 속 보글보글 숨겨진 방울을 보니 저 깊은 바닷속의 니모가 떠올랐다.

긴 시간 숙성된 와인은 섬세한 거품으로 다가온다. 찬란하게 빛나는 옅은 레몬빛 사이로 복숭아, 살구, 라임이 들이친다. 가볍게 마시기 좋아 편안하게 어떤 음식과 함께 곁들여도 잘 어우러질 것이다. 식전주로 잘 어울릴 것 같았고, 마무리 디저트와 함께 내어놓으면 찬사를 들으며 단박에 분위기를 바꿔 줄 것이다. 피크닉 바구니에 한 병 무심한 듯 챙겨 가 마셔도 그날의 기억을 배가시킬 테다.

부들부들 실크 옷을 입은 천사가 바람결에 하프를 연주하고, 잔디 위 피어난 꽃들 사이로 붕붕 꿀벌이 날아드는 모습이 연상된다. 유적지로만 남아 있는 것이 아니라 현대적인 모습도 가미되어 있어 식사나 차 한잔을 즐길 수도 있고, 결혼식이나 각종 행사가 열리기도 하니 특별함을 맛볼 절호의 기회다.

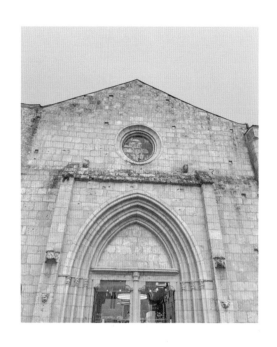

코르들리에 수도원(Cloître des Cordeliers)

2 Rue de la Prte Brunet, 33330 Saint-Émilion
운영시간 ｜ 매일 10:30~19:00

중세 시대의 걸작 생 시르크 라포피

france

텔레비전의 종말을 앞둔 시대를 살고 있다고는 하지만, 여전히 연세가 지긋하신 분들은 저녁 시간 편안한 차림으로 폭신한 소파에 기댄 채 안방극장 앞에서 시간을 보내기를 선호한다. 2012년부터 지금까지 방영 중인 장수 프로그램 〈Le Village préféré des Français프랑스인들이 가장 좋아하는 마을〉는 아직도 12.8%의 시청률을 달성하고 있다. 여전히 사랑받고 있음을 당당히 증명해 내고 있는 셈이다. 첫 시작이었던 2012년, 우승을 차지한 마을은 생 시르크 라포피Saint-Cirq-Lapopie 였다.105) 이곳은 1982년 창설되어 지금까지 명성을 이어오는 프랑스에서 가장 아름다운 마을들Les Plus Beaux Villages de France 176개2023년 기준 중 한 곳이기도 하다. 100m가 넘는 바위 절벽 위에 우뚝 세워져 반기는 자태가 마치 여장부 같다. 그럴 만도 한 게 '라포피'라는 말은 록시땅 언어 라포파La popa 에서 유래되었다. 이는 여성의 젖가슴을 칭하는 말이며, 이 지역의 가장 높은 바위를 부르는 이름에서 비롯되었다. 물론 여기에도 여러 설이 존재한다. 생 시르는 가톨릭 성인을 지칭하는 것이고, '라포피'라는 영주의 성을 추가한 것이라는 이야기도 있다.

로트 강이 시원하게 내려다보이는 깎아 지른 절벽의 가장 높은 곳에 세워졌던 이곳 최초의 성, 로쉐 라포피Rocher Lapopie 까지 올라가는 좁은 자갈길은 영화 세트장에 있는 것만 같은 착각을 불러일으킨다. 아름다운 나무 문과 뾰족한 지붕, 중세 시대의 외관을 그대로 간직하고 있는 이 작은 마을에는 211명의 주민이 살고 있다. 이 마을은 장인들로 유명해 가죽 세공인, 보일러공, 목재공 등이 활발하게 활동했다.

생 시르크 라포피(Saint-Cirq-Lapopie)
Saint-Cirq-Lapopie 46330

카오르 와인

그중 특히 목재공들은 '호비네테이 *Roubinetaïres*'라고 불리며 주로 근처에서 생산되는 카오르 *Cahors* 와인 통에 사용되는 회양목으로 포도주 통에 연결할 수도꼭지를 만들었다. 무려 그 인원이 40여 명에 달했다니 그 시절 어마어마한 실력자들이었다는 것이 믿겨진다. 5대째 업을 이어오고 있는 피노키오 아빠 패트릭 비넬 아저씨의 공방의 손때 묻은 목각품을 하나씩 쓸어내려 본다. 손마디마다 굳은살이 배겨 있는 모습에 세월이 가늠된다.

1522년 건축된 생 시르크 에 생 줄리엣 *Saint-Cirq-et-Sainte-Juliette* 성당의 예배당 중 하나가 목공예가들의 수호성인인 성 카트린에게 헌정되었다는 사실도 목공이 전성기를 누렸던 때를 여과 없이 보여 준다.

바지선에 진하고 강렬한 카오르 와인을 잔뜩 싣고, 보르도 쪽으로 항해하여 돌아올 때는 소금, 건어물 등을 가지고 왔다고 하니 로트의 절벽은 이 모든 세월을 생생하게 기억하고 있겠구나 싶다. 저 절벽 위에서 손 흔들며 돌아오는 가족들을 맞이하는 소녀까지도 말이다.

좁고 작은 골목골목을 탐험하며 어느 상점이든 들어가 인사만 하면 줄줄 이야기보따리가 펼쳐진다. 활기 넘치는 삶을 들여다보고 있자니 《미녀와 야수》의 벨이 노래를 부르며 빵 바구니를 들고 책 한 권을 옆에 낀 채 "Bonjour!" 인사를 건넬 것만 같다. 이 땅은 4개 가문*이 다스렸다고 한다. 이곳에는 총 13곳이 역사적 기념물로 지정되어 있다. 그

---

* 구르동(Les Gourdon), 카르디약(Les Cardaillac), 카스텔노(Les Castelnau), 라포피(Les Lapopie).

냥 무심코 지나치면 몰라볼 수 있으니 물레방앗간부터 13세기 집까지 어느 하나 놓치지 않으려면 눈을 크게 뜨고 보아야 한다.

이 아름다운 곳에 활력을 불어넣은 것은 예술가들이었다. 후기 인상파 화가 앙리 마틴이 1912년 이곳에 정착하고 여러 점의 그림을 그리기 시작하면서 20세기 예술가들의 터전이 된다.

초현실주의 작가 앙드레 브르통은 이 마을이 밤에 피어나는 불가능한 장미 같다며 첫눈에 반했다. 선원들의 여관 *Auberge des Mariniers* 이라고 불리는 옛 앙리 마틴의 집을 사서 사망할 때까지 매년 여름을 이곳에서 지냈다고 하니 그 애정이 느껴진다. 이에 더해 스페인 출신 화가 피

메종 앙드레 브르통
(Maison André Breton)

place du Carol, 46330 Saint-Cirq-Lapopie

피에르 다우라 작업실
(Maisons Daura, résidences internationales d'artistes)

Le Bourg, 46330 Saint-Cirq-Lapopie

에르 다우라의 작업실까지 평화롭고 잔잔한 매력을 느껴 본다.

생 시르크 라포피에서의 미각을 황홀하게 만들어 주는 것은 바로 트러플이다. 트러플은 송로버섯이라고도 하는데, 5~6월경 땅에서 태어나 한여름에 자라고 추운 날씨부터 서서히 익어 가 겨울철에 수확하는 블랙 다이아몬드다. 석회질 토양은 공기가 잘 통하고 배수가 잘되어 트러플을 재배하기에 최적의 환경이라고 한다.

향기로운 샤프란도 빼놓을 수 없다. 이곳의 샤프란은 가루 형태가 아닌 붉은 암술 그대로를 건조한 모양새로 모두 수작업으로 이루어진다. 비싼 값을 할 수밖에 없는, '지구상에서 가장 비싼 향신료'라는 수식어가 이해된다.

마지막으로 쿠르스티로 Croustilot 라는 로컬 빵을 맛봐야 한다. 로트 지역 농부의 밀, 제분, 제빵사가 모두 모여 만들어 낸 첨가물, 개량제, 기타 방부제가 일절 들어가지 않은 조상들의 노하우를 존중해 만들어 낸 100% 옛날식 빵이다. 수분율이 무려 82%에 달해 무척이나 다루기

까다롭고 예민하지만, 구워낸 이후 보관이 쉽고 풍미가 가득하다.

생김새는 투박하지만, 고소함이 꽉 차는 시간이다. 사실 밀가루의 모든 맛을 구별하기란 쉽지 않다. 모든 지역의 쌀 맛을 밥 한술로 감별해 내기 어려운 것처럼 말이다. 하지만 이천 쌀을 떠올리면 윤기가 좔좔 흐르고 찰기가 생각나듯, 향토 빵은 그런 장점들이 있다. 꼭꼭 씹었을 때 입안을 채워 주는 그 미묘한 맛들이 다르다. 목으로 삼키기 아쉬운 맛이라고 표현하는 것이 맞겠다. 오늘의 마지막 문장은 느리고 천천히 흘러가는 서정적인 생 시르크 라포퓌에서, 라고 마친다.

| 쿠르스티로(Croustilot)

신앙의 요새 로카마두르

france

로카마두르(Rocamadour)

Rocamadour 46500

푸르름이 깃들어 있는 산기슭, 촉촉한 안개를 지나 뿌연 눈을 연신 비비고 나면 창백한 하늘 사이로 신성하고 눈부신 빛줄기가 내려앉는 것이 보인다. 로카마두르다. 은은하게 칠해진 노란색, 빨간색, 초록색의 단풍과 잿빛이 더해진 공기를 마시며 과거의 문을 한 번 더 열었다. 산티아고 데 콤포스텔라*Pèlerinage de Saint-Jacques-de-Compostelle*로 가는 길 긴 여정에 지친 순례자들을 맞이하는 신앙의 마을이다. 로카마두르의 검은 성모님은 온화한 미소로 당신에게 온전히 부탁하러 오는 자들의 기도를 들어주고 계신다.

로카마두르라는 이름은 바위라는 뜻의 로크*Roc*와 보호자 마조*Major*에서 유래되었다고 하지만, 종교적인 부분을 간과할 수는 없다. 이미 1050년에 교황 레오 9세가 작성한 교서에 보면 진작부터 성모 마리아의 가호가 깃들어 있다 작성되어 있었고, 1105년, 교황 파스칼 2세는 늘어나는 신자 수를 확인했다. 1150년경 생 마르탱 드 튤의 수도원장이었던 제로 데스코하이는 새롭게 성당 건축에 착수하기 시작한다. 1159년 사자왕 리차드의 아버지인 앙리 2세 플란타주네도 치유에 감사하기 위해 순례를 왔다고 하니 치유의 은사는 계속되었던 모양이다. 또한 1166년 '삭개오'고도 불리는 아마두르Amadour 성인의 시신이 완벽하게 보존된 채로 발견되면서 순례자들의 발걸음이 폭발적으로 증가한다. 아마두르는 당시 궁중 문학에서 쓰이는 아마토르Amator 라는 말에서 나왔는데, '하느님의 친구'라는 뜻이다.106)

노트르담 예배당 안에는 기적의 종이 있는데, 이 종은 9세기 이전에 제작되었다. 주조하지 않고 단조되었으며 밑받침도 없고 금고에 매달 수 있는 일종의 손잡이가 있어서 당시에는 매우 희귀한 방식이었다. 기적의 종은 바다에 변고가 있을 때마다 저절로 울려 그 위험을 알렸다고 한다. 명판에 적혀 있는 날짜들이 바로 종이 울린 날짜들이다. 성당 내부를 둘러보면 기적을 경험한 비문이 기록된 명판들도 아주 빼곡하게 많다. 십자군 전쟁에서 포로로 잡혀갔다가 무사히 돌아왔음을 표하는 쇠사슬을 감사의 물건으로 바치기도 했고, 늘 안전을 기원하는 선박 모형들이 천장에 달려 있는 모습도 볼 수 있었다.

중세 시대에는 귀금속으로 덮여 있던 호두나무로 조각된 검은 마리아는 격변의 세월을 거치며 12세기부터 검게 변하였지만, 이렇게 어두운색이 나는 정확한 이유는 알아낼 수 없다고 한다.

기적의 종
(La cloche miraculeuse)

루이 9세는 어머니 블랑쉬 드 카스티와 함께 1244년 무릎을 꿇고 계단을 올라 프랑스의 행복을 기원하는 평화의 기도를 드리기도 했다. 216개의 계단을 무릎으로 올라가며 기도 드리는 심정은 어땠을까. 순례자의 계단을 올라가는 기분이 참으로 묘하다. 혁명 기간에는 버려지기도 했으나 신자들의 염원을 모아 19세기부터는 다시 순례지로의 명성을 이어오고 있다.

천년의 신앙을 견고하게 지켜 내고 있으며 하늘과 땅 사이 절벽에서 등불을 환하게 밝히고 있는 이곳에서 촛불을 밝혀 본다. 작고 큰 성당과 예배당들이 모여 있는 하나의 종교 도시에 있다는 것이 굉장히 성스럽고 마음에 평화를 가져다준다.

듀란달(Durandal)

| 듀란달(Durandal)

빼놓을 수 없는 이야기는 듀란달*Durandal*이라는 바위에 박힌 검에 대한 전설이다. 11세기부터 전해 내려오는 중세 프랑스의 무훈시 〈롤랑의 노래〉를 보면, 샤를마뉴 대제는 자신의 조카이자 12명의 기사 중 가장 용감했던 롤랑에게 천사가 내려 준 보검 듀란달을 하사하는데 이 검은 부러지지 않는 보검 중의 보검이었다.

사라센족들에 맞서 론세스바예스*Roncevaux*에서 전투를 벌이던 중, 배신자의 음모로 스페인 적군에게 최후를 맞게 될 위기에 처하자 자신의 칼만큼은 빼앗기지 않기 위해 미카엘 대천사장에게 기도를 드리며 계곡에 듀란달을 던지는데, 이 칼이 몇백 킬로미터를 날아와 로카마두르의 바위에 박혔다는 전설이 내려온다. 칼에 손이 닿을까 펄쩍펄쩍 뛰는 꼬마 친구부터 할머니까지 남녀노소 나이를 불문하고 시선이 집중되는 순간이다.

이렇게 한바탕 놀고 나면 "우리 뭐 먹어?"를 외치는 것은 세계인 모두의 공통점이다.

이곳에서는 카베쿠*Cabécou*라 불리는 염소 치즈가 유명하다. 1996년 원산지보호명칭제도인 AOP를 도입하여 품질까지 엄격히 관리되고 있다. 이 치즈는 순례자 길을 걷는 이들의 배낭에 항상 들어 있었으며, 15세기 목동들이 영주에게 세금을 바치는 데 사용되기도 했다는 문헌들도 속속들이 등장한다. 코즈 뒤 퀘르시*Causses du Quercy* 지방의 다양한 식생을 먹고 자란 염소의 외침이 들려오는 것 같다. 사실 염소 치즈의 향이 매우 강한 편이라 호불호가 갈리기는 할 테다. 도전해 보고 싶지만 부담스러움이 가시지 않는다면 로카클렛*Rocaclette*이라 불리는 로카마두르의 치즈를 녹여 감자나 샤퀴테리 종류 또는 호두와 같이 먹는 것이 향을 상쇄해 거북함 없이 먹을 수 있다. 샐러드에 가볍게 버무려 먹는 것도 좋다. 개성으로 빛나는 프랑스 치즈의 마력에 한 번 빠지면 헤어나올 수 없을 것이다.

| 로카클렛(Rocaclette)

유네스코 세계유산 카르카손

france

잠자리에 들 때마다 매일 동화책을 읽어 주던 엄마 아빠의 부드러운 목소리의 울림을 기억한다. 보송보송하고 포근한 이불을 폭 뒤집어쓰고 윤기 나는 까만 콩 같은 동그란 두 눈만 빼꼼 내놓은 뒤 노랫말 같은 운율을 느끼면서 잠에 빠져들면, 음표는 바퀴가 되고 악보는 달리는 도로가 된다. 밤의 이야기 속에서는 불을 내뿜는 말썽쟁이 용을 거침없이 무찌르기도 하고, 바람에 팔랑이는 반짝반짝한 드레스를 입고 한껏 자태를 뽐내 보기도 한다. 바람도 파도도 태양도 내 마음대로 주물주물 모양을 만들어 내는 주인공이 된다. 내 안에 고이 잠들어 있는 7살 아이는 한때 공주 놀이에 푹 빠져 있었다. 더 이상 마법을 믿지 않고, 모든 것에 논리적 사고가 필요한 상상력이 깊숙이 잠들어 버린 어른은 그 시절 작은 아이를 살며시 깨워 손을 맞잡는다. '옛날 옛적에'로 시작해 '행복하게 살았습니다'로 마치는, 현실에도 존재하는 판타지를 찾아 동심의 세계 카르카손Carcassonne 107)으로 떠났다.

이름부터 온갖 클리셰Cliché가 모두 버무려져 있는 도시다. 때는 카롤링거 왕조의 샤를마뉴가 카르카손을 포위하고 6년간의 전투가 이어졌을 때다.

사라센Saracens의 왕 발락은 전쟁 중 사망하고, 그 뒤를 이어 아내 카르카스 부인은 성벽 방어에 힘을 쓰지만, 계속해서 줄어가는 병사와 식량 때문에 고전한다. 군인 복장을 입힌 밀짚으로 병사들과 함께 버티고 버텨 보지만, 결국 남은 것은 밀 한 되와 돼지 한 마리뿐이었다. 그때 지혜로운 카르카스는 돼지에게 남은 식량인 밀을 전부 먹이고는

카르카손(Carcassonne)

Carcassonne 11000

성벽 위에서 상대 진영을 향해 던진다. 돼지는 땅에 떨어지면서 터져 죽는데, 그 모습을 본 샤를마뉴 대제는 요새에 곡식이 아직도 차고 넘쳐나 돼지의 사료로까지 사용될 정도인 것으로 판단하고 더 이상의 포위 작전은 의미 없다며 철수한다. 카르카스가 멀어져 가는 군사들을 보며 기뻐 도시의 종을 크게 울리며 전쟁의 종식을 알리자, 기사 중 한 명이 "카르카스가 종을 울립니다(Carcas sonne)!"라고 외치는데 이 두 단어가 합쳐져 도시의 이름이 탄생되었다고 한다. 진실과 거짓이 뒤섞인 이 전설의 실체를 알아보자면, 725년부터 759년 사이 카르카손은 정말 사라센족의 손아귀에 있었다. 하지만 샤를마뉴가 아닌 그의 아버지 페팽 르 카도에 의해 정복되었고, 카르카스 부인 이야기는 8세기부터 노랫말로 전해졌다.

기원전 6세기부터 카르삭*Carsac*이라는 요새 도시가 존재했고, 로마인들은 그 이름을 따 카르카소*Carcasso*라는 이름으로 불렸다가 로마 제국 멸망 이후에는 카르카소나*Carcasona*가 되었다. 나르본*Narbonne*과 보르도를 연결하는 도로에서 필수적인 중간 기착지로 122년 로마인들에게 정복당했지만 와인 무역으로 번영을 누렸으며, 3~4세기 게르만족의 침략을 거쳐 5세기에는 서고트 왕국이 된다. 트랑카벨 가문이 카르카손의 영주가 되면서 성은 재정비되고, 생 나제르 성당과 생 셸스*La basilique Saint-Nazaire et Saint-Celse*, 백작의 성*Le château comtal*도 지어진다. 풍요롭게 꽃길만 걸었으면 좋겠다만은, 12세기 카타르파*Le catharisme*라고 불리는 로마 교회가 그리스도의 이상을 존중하지 않는다고 비난하며 거부하는 기독교 운동이 일어나면서 종교 전쟁에 휘말린다. 포위된 카르카손은 함락되고 1226년 프랑스 왕실 영토로 귀속된다. 1240년 성을 되찾기 위해 트랑카벨 가문이 다시 한번 싸움을 걸지만, 기적은 일어나지 않았다. 루이 9세가 반역자들을 오드 강*La rive de l'Aude* 왼편으로 몰아내면서 도시는 강을 중심으로 중세 도시와 새로운 도시가 나타나게 된다. 이후 필리프 3세와 필리프 4세의 손을 거쳐 성은 난공불락의 요새로 거듭난다. 프랑스 왕국과 아라곤 왕국의 국경 도시로 군사적 발전을 이뤘지만, 1659년 피레네 조약으로 1635년에 시작된 프랑스-스페인 전쟁이 종식되며 국경이 남쪽으로 이동하면서 도시는 쇠퇴의 길을 걷게 된다.

버려졌던 성은 1853년부터 1911년까지 노트르담 드 파리, 몽생미셸 등의 복원 작업에도 참여한 대가 외젠 비올레 르 뒥의 손을 거쳐 새 생명이 불어넣어졌으며, 매년 400만 명의 방문객의 발걸음을 사로잡고 있다.

창과 방패를 들고 걸어야 할 것만 같은 3km 성벽을 걸었다. 여기저기 중세 시대 기사 복장 코스튬을 한 아이들이 뛰놀고 있었다. 호기심 많은 꼬마 친구들 눈에도, 어른들 눈에도 이곳은 게임 속 세상이었다. 남쪽의 특이한 악센트 발음들이 들려온다. 발음이 '앵'으로 끝나는 것이 특징인데, 빵*Pain*은 뺑, 방*Vins*은 뱅으로 발음하는 콧소리들이 귓가에 꽂힌다. 남쪽을 여행한다면 꼭 한번 귀 기울여 들어 보기를 바란다.

칼 대신 막대기를 부딪히며 하하 호호 떠드는 아이들의 웃음소리를 배경으로 대서양을 향한 남쪽과 지중해를 향한 남쪽을 연결하는 1996년 유네스코 세계유산으로 선정된 미디 운하*Canal du Midi*를 산책했

미디 운하
(Canal du Midi de Carcassonne)

다. 3,000km가 넘는 지브롤터 해협 *Gibraltar* 을 항해하지 않아도 242km 로 툴루즈 *Toulous* 와 지중해를 통과할 수 있게 하는 이 프로젝트는 루이 14세 통치 기간인 17세기, 랑그독의 소금세 *La gabelle* 징수자인 피에르 폴 리케에 의해 종지부를 찍는다. 수 세기에 걸쳐 계획되었으나 지속 적인 물 공급을 해결하지 못했던 난제는 프랑수아 앙드레오시라는 엔 지니어의 도움을 받아 생 페레홀 *Saint Férréol* 에 건설한 댐에 몽타뉴 누아 르 *Montagne Noire* 를 가로지르는 물줄기를 모으고, 인공 수로를 통해 노루 즈 *Naurouze* 까지 운반할 수 있게 구현해 냈다. 지형적 장애물은 수문을 만들어 해결하면서 말이다.

약 1만 2,000명의 노동자들이 대거 동원됐는데, 하나같은 마음으로 돌을 쌓지 않았다면 이룰 수 없는 업적이었을 것이다. 하지만 애석하게도 이 모든 건설에 자금을 조달하기 위해 빚을 질 정도로 열정적이었던 피에르 폴 리케는 개통 3개월 전 세상을 떠나고 만다. 빚만 잔뜩 남겨 18세기 중반 수익을 내기 전까지 가족들은 힘들어했다고 한다. 미디 운하는 침적토가 쌓인다거나 하는 여러 문제점을 해결해 나가며 승객과 화물을 실어 나르는 등 1980년대까지 이용되다가 현재는 보트 여행만이 허용되고 있다. 툴루즈-세트를 잇는 이 코스는 8km 속도로 7일이 걸린다고 하는데, 호호 할머니가 되면 물 위에서 잠을 청하는 경험을 한 번쯤은 해 보아야겠다.

남서부 옥시타니*Occitanie* 지역에 왔다면 빼놓을 수 없는 것은 향토 요리 카술레*Le cassoulet*다. 이를 설명하려면 14세기까지 거슬러 올라가야 한다. 샤를 5세와 샤를 6세의 전속 요리사였던, 레스토랑 따유벙*Taillevent*으로 알려진 기욤 티렐의《르 비앙디에*Le Viandier*》라는 중세 요리서에도 언급된 음식이다. 진흙으로 빚은 카솔*Cassole*이라는 전통 식기에 흰콩과 고기를 넣고 푹 끓여 만든다. 백년 전쟁 당시 남부의 중심이었던 카스텔노다리*Castelnaudary*가 영국군에 포위되었을 때, 프랑스 군인들의 기력을 보충하고 사기를 불어넣기 위해 베이컨, 돼지고기, 콩, 소시지, 고기를 커다란 그릇에 넣고 에스토파*Estofat*라는 스튜를 만들어 냈다. 이 맛에 힘을 낸 군인들은 영국군을 영국 해협 해안까지 몰아냈다고 한다.[108]

1929년, 카르카손 출신의 유명 셰프 프로스페르 몽타뉴의 논문〈프로방스의 향연Le Festin Occitan〉에서는 이를 삼위일체에 빗대어 카스텔노다리의 카술레를 성부에, 카르카손의 카술레는 성자, 툴루즈의 카술레는 성령에 비유하기도 하였다.

낮은 온도에서 뭉근하게 끓여 낸 국물을 한 스푼 떠먹는 순간, '역시 한국인은 국물!'이라는 생각이 들었다. 고소한 콩과 간이 잘 밴 고기가 입안에서 조화롭게 흡수되며, 곁들이는 로컬 맥주 한 잔에 피로가 가신다. 옆 테이블 할머니와 "Santé!"를 외치며 다정한 몇 마디를 주고받다 보니 시끌벅적한 혼돈 속에 얼굴에도 붉은빛이 드리워진다. 아름답다는 말로는 부족한 밤이다.

카술레(LA DEMEURE DU CASSOULET)

7 Pl. du Grand Puits, 11000 Carcassonne
영업시간 | 화, 목-월 12:00~21:00
　　　 | 브레이크타임 14:00~19:00

믿음의 루르드

france

로사이로 대성당(Basilique
Notre Dame du Rosaire)

1 Av. Mgr Théas, 65100 Lourdes

민음은 힘에 힘을 더하는 단어다. 노력에 더해지는 약간의 조미료 같달까. 마음을 기댈 수 있고, 진실하고 고요하게 나 자신을 바라볼 수 있기도 하다. 갈색 눈에 푸른 종이 비치는 천사들의 장밋빛 석양으로 가득 찬 루르드(Ludres109)로 향했다. 냉담자이기는 하지만, 모태 신앙으로 무늬만은 천주교 신자이기 때문에 막막하거나 두렵고 혼자 있기 싫은 날이면 성당을 찾는다. 순식간에 휩싸이는 부드러우면서도 경건한 분위기가 머리 끝부터 발끝까지 강력한 에너지로 긴장을 풀어 준다.

꽉 움켜쥐고 놓지 못했던 세속의 끈을 잠시나마 놓고 내면의 평화를 찾는 고요함과 단순함의 시간이다.

피레네 산맥 언저리, 전 세계에서 수백만 명의 순례자들이 희망과 치유를 바라며 베르나데트 수비루 성녀의 발자취를 따라 기적의 샘물을 마시러 찾아온다. 1858년 2월 십대 소녀였던 베르나데트는 마사비엘 동굴*La grotte Massabielle*에서 18번이나 발현한다.

베르나데트는 당시 14세였지만 글을 읽고 쓰지도 못할 만큼 가난하게 살고 있었다. 첫 번째 발현일 당시에도 땔감용 나뭇가지를 구하러 다니고 있었다. 여동생, 친구와 함께 쏘다니던 도중 돌풍 같은 목소리가 들려오는 동굴에서 흰옷에 베일을 감쌌으며 파란색 허리띠를 두르고 발밑에는 노란 장미가 가득한 정체 모를 여인을 만났는데, 성호를 긋고 묵주기도를 바치자 갑자기 사라졌다고 한다.

두 번째 발현일인 2월 14일, 헛소리를 늘어놓는 딸을 집에 붙잡아 두려는 어머니의 손길을 뿌리치고 다시 동굴로 발걸음했다. 묵주기도를 바치자 똑같은 여인이 나타나고 축복의 물을 뿌리자 머리 숙여 인사한 뒤 기도가 끝나는 동시에 사라졌다.

세 번째 발현일은 2월 18일이었다. 베르나데트는 여인에게 이름을 써 달라 요청했다. 여인은 그럴 필요는 없다면서 이번 생에는 어렵겠지만 이 너머 다음 세상의 행복을 약속한다고 말하며 2주 동안 이곳에 와달라고 부탁한다. 처음으로 들은 목소리였다.

여섯 번째 발현일인 2월 21일, 베르나트는 이른 아침 100여 명의 무리와 함께 찾아간다. 사람들이 자꾸 모이는 것을 수상스레 여긴 자코메 형사는 그를 심문하는데 무엇을 보았냐고 묻자 "그것(Aquero – cela)"이라고만 답했다. 일곱 번째 2월 23일, 150여 명의 사람들에게 둘러싸여 동굴로 향하였지만, 발현은 늘 그녀에게만 나타난다.

아홉 번째 2월 25일, 300명의 군중이 모인다. 작은 진흙탕 물을 마시고 근처에 있는 풀을 먹으라는 여인의 말에 베르나데트는 그대로 행한다. 사람들은 미쳤다고 했으나 흙탕물은 곧 깨끗한 샘물로 바뀌어 엄청나게 솟아 나왔다.

열세 번째 3월 2일, 사제들에게 이곳에 성당을 지으라고 전하라는 여인의 말을 페라말 신부에게 이야기한다. 이 말을 믿지 못하는 신부는 여인의 이름을 알아 오고, 한겨울인 지금 동굴에 장미를 꽃 피우게 하면 믿겠다고 전한다.

열여섯 번째 3월 25일, 베르나데트는 그녀가 말하는 "원죄 없이 잉태된 자(Que soy era immaculada councepciou)"라는 표현을 외워 신부에게 달려간다. 이 신학적 표현을 들은 신부는 깜짝 놀란다. 4년 전인 1854년에 교황 비오 9세가 이를 가톨릭 신앙의 진리로 삼았기 때문이다.

열일곱 번째 4월 7일, 발현하는 동안 베르나데트가 불붙인 촛불은 오랫동안 타지 않고 손을 감싸고 있었다. 열여덟 번째 7월 16일, 동굴이 폐쇄되어 접근이 불가능하자 가브 강 건너편으로 가 발현을 맞이한다. 베르나데트가 말하기를 동굴에서와 같은 거리로 그 여인을 만났는데, 평소보다 훨씬 더 아름다웠다고 한다.

1862년 가톨릭 교회는 루르드 성모님을 통한 기적의 치유를 언급하고, 성모님의 발현을 공식적으로 인정한다.

베르나데트는 느베르 수녀회가 운영하는 루르드의 호스피스에서 8년간 봉사하며 지내다가 1866년 사랑의 수녀원 *Les sœurs de la Charité de Nevers*의 수녀로서의 삶을 택한다. 그리고 1879년 4월 16일 35세의 나이로 짧지만 아름다웠던 생을 마감한다.

이후 1933년 12월 8일 교황 비오 11세에 의해 시성되어 성인으로 선포되었고, 1995년 역사 기념물의 이름에도 오른다. 2018년까지 교황청이 공식적으로 인정한 기적은 70회라고 하지만, 루르드 성당 내부를 가득 채운 감사 인사는 그 수를 훨씬 뛰어넘는다는 것이 보인다.

스테파니아 수녀님의 설명을 들으며 걷는 루르드는 꿈 같았다. 내 두 손을 꼭 잡고 성당에서 나를 위해 함께 기도해 주시는데 갑자기 눈시울이 붉어져 눈물 바람을 하고 말았다. 사람이 주는 위로를 뛰어넘어 마음과 마음이 맞닿아서였던 듯하다. 무거워진 분위기를 전환 삼아 농담을 던지셨는데, 이곳 루르드 물로 라면을 끓여 먹으면 음식에도 은총이 가득하니 가기 전에 루르드 물로 라면을 끓여 먹고 가라고 하셨다. 울다 웃으면 엉덩이에 뿔이 난다는 수녀님의 맑고 청아한 목소리가 아직도 생생하다.

욕심을 거둬 내고 또 비워 내고 온전하게 내가 가진 것들에 깊이 감사했다. 어떤 것에 가치를 더 두고 살아가야 하는지에 대한 고민도 한 가지 늘었다. 어깨를 슬며시 적시는 보슬비가 내린다. 두 뺨에 달라 붙는 머리카락이 꼭 천사의 날개처럼 느껴졌다. 신비의 물을 가득 떠서 품 안에 안고 다시 현재를 살러 성지의 문을 나왔다. 빵빵 자동차 경적 소리와 함께 복잡하게 흘러가는 모습이 꼭 멈춤 버튼에서 다시 재생 버튼을 누른 비디오 테이프처럼 흘러간다. 구름 사이로 희미하게 비치 는 별빛을 쫓아 또다시 떠난다.

Part 4

365일 중 300일이
해가 쨍쨍한 남프랑스

새로운 자극이 필요할 때, 남프랑스

france

마음의 이음새가 헐거워질 때 우리는 새로운 자극이 필요하다. 충분한 수면, 혀를 놀라게 만드는 음식, 동공을 확장시키는 공간, 그리고 감각이 깨어나는 여행 같은 것들 말이다.

여름 방학, 우리가 가장 손꼽아 기다리는 계절의 쉼표 이야기는 1231년으로 거슬러 올라간다. 교황 그레고리 9세는 아이들이 부모님을 도와 농산물 수확에 참여할 수 있도록 휴가를 허용했다. 부르주아와 귀족의 자녀들은 사냥에 참여하기 위한 활동이었고 말이다. 세월이 지나 1936년부터 프랑스는 2주간의 유급 휴가 혜택이 시작되었으며, 현재는 최소 5주간의 유급 휴가가 법적으로 제정되어 있다.

새해부터 어디로 떠날 것인가에 대한 논의가 끊이지 않는 이런 프랑스인들의 국내 휴가지로 늘 3위 안에 꼽히는 곳이 바로 남프랑스다.[110]

"태양의 도시에 오신 것을 환영합니다(Bienvenue dans la ville du Soleil)."라는 인사가 곳곳에서 울려 퍼지는 눈이 부시게 아름다운 남프랑스는 365일 중 300일이 해가 쨍쨍하다. 드넓게 펼쳐진 포도원과 익어 가는 보랏빛 라벤더, 울창한 숲 절벽 사이에 그림같이 펼쳐지는 마을, 역사를 품고 있는 성벽, 그 시간의 흔적을 쫓아 남프랑스를 찾는다. 지명을 딴 프로방스 스타일이라는 말이 있을 정도로 소박하지만 생기가 넘치고 다채로우며 자연의 소리와 향기가 가득한 이곳에서 잠시 일상을 덜어 내고 비운다.

천년 역사와의 만남, 교황의 도시 아비뇽

france

로쉐 데 돔
(Rocher des Doms)

2 Mnt des Moulins, 84000 Avignon

기나긴 초록빛 평원을 달리다 보면 더운 날씨를 잊게 할 만큼 강력한 미스트랄*Le mistral* 111) 바람이 건조하고 차갑게 불어온다. 라틴어로 '주인'이라는 뜻의 마지스테*Magister*에서 발생한 이 바람은 시속 50km/h에서 100km/h로 강렬하게 불어오는데, 하늘의 구름을 멀리 쫓아 버릴 정도로 센 녀석이라 프로방스 한낮의 열기를 식혀 주기에 제격이다. 대서양의 고기압성 능선과 지중해의 저기압 사이 기압 차로 발생해 1년 내 60일 정도 나눠 불어온다. 여름에는 반갑지만 겨울에는 손발을 꽁꽁 얼리기도 하니 멀리하고 싶은 손님이기도 하다. 리옹만 쪽으로 불어오는 바람 중 트라몽탄느*Tramontane*라는 이름을 가진 바람이 있긴 하지만 거센 힘의 크기로나 유명세로나 미스트랄을 따라올 수가 없다. 북서풍이 데려다준 남쪽 나라는 론 강이 굽이치며 교황의 도시 112)답게 웅장한 성벽으로 둘러싸인 모습이었다.

선사 시대 때부터 아웨니온*Aouenion*들이 로쉐 데 돔*Rocher des Doms*이라는 높은 바위현재는 정원를 중심으로 도시를 형성하면서 아비뇽은 시작되었다. 이곳에서 내려다보는 아비뇽 다리*Le pont Saint-Bénézet*는 신비로운 전설을 품고 있다. 베네제라는 목동이 천상의 목소리를 듣고 1177년 로마인들이 교각의 잔해에 다리를 놓기 시작해 단 8년 만에 920m, 22개의 아치를 완공하였다. 다리 완공을 기념하기 위해 필립 왕의 탑*La Tour Philippe le Bel*이 세워지는데, 그 먼 거리까지 연결되어 있었던 다리를 머릿속으로 그려 보았다.

도시 저편의 빌뇌브 레 자비뇽*Villeneuve-les-Avignon*, 스페인, 이탈리아까지 뻗어 나갈 수 있어 무역과 교통의 요충지 역할을 톡톡히 할 밑거름이 된 것이다. 다리는 론 강의 잦은 범람으로 무너짐과 재건을 반복하다가 현재는 끊어진 모습으로 관광객을 맞이하고 있다. 베네제 성인의 유해를 품고 있어 역사적 기념물로도 당당히 자리하고 있다.

아비뇽 다리를 뒤로하고 카메라에 담기지 않는 교황청을 바라보았다. 1303년 아나니 사건Attentat d'Anagni이 그 시작인데, 프랑스의 왕 필립 4세가 교회에 부과하기를 원했던 세금으로 교황 보니파시오 8세와 충돌했다. 교황이 필립 4세를 파문하려 교서를 작성하는 사이, 기욤은 필립 4세의 명령으로 이탈리아의 아나니에서 교황을 납치해 재판에 회부했다. 다행히 이탈리아인들이 교황을 구출해 내지만, 고령이었던 교황은 그 충격으로 선종하게 된다.

보니파시오 8세의 뒤를 이은 베네딕토 11세도 짧게 그 자리를 지키다 떠났기에, 1304년~1305년 교황 선거Conclave de Pérouse로 보르도 대주교였던 클레멘스 5세가 리옹에서 즉위식을 하며 프랑스 교황의 탄생을 알린다. 클레멘스 5세는 불안정했던 로마 상황과 필립 4세의 입김으로 로마로 돌아가기를 포기하고 아비뇽에 거주한다. 요한 22세, 베네딕토 12세, 클레멘스 6세, 이노센트 6세, 우르바노 5세를 거쳐 그레고리오 11세가 1377년 1월 다시 로마로 재입성할 때까지 교황들의 아비뇽 체류를 당시 시인 페트라르크는 바빌론 유수*에 비유하였다.

---

* BC 597~BC 538년, 이스라엘의 유다왕국 사람들이 포로가 되어
  신 바빌로니아의 수도 바빌론으로 이주한 사건.

여기서 연결되는 이야기가 바로 13일의 금요일의 저주다. 필립 4세 왕은 교황권을 넘어 템플 기사단까지 손을 뻗어 영지와 자산을 빼앗기 위해 집단을 이단으로 몰아 기사단장인 자크 드 몰레[113]와 템플 기사단을 체포하라는 명령을 내린다. 1314년 3월, 산 채로 화형을 당할 형벌에 처한 자크 드 몰레는 불길 속에서 필립 4세에게 13대손까지의 모든 자손을 저주한다. 또 클레멘스 5세에게는 1년 안에 신의 심판을 받게 할 것이라 말한다.

놀랍게도 클레멘스 5세는 4월에 복통을 완화하기 위해 와인과 에메랄드 가루를 섞어 마시다가 급사했고, 필립 4세는 같은 해 11월 말에서 떨어져 죽었다. 필립 4세의 4명의 아들들은 차례로 생을 마감해 카페 왕조의 막을 내리게 되었다. 마지막 13대 후손인 루이 16세는 프랑스 혁명으로 단두대형에 처한다. 물론 정확히 따지자면 루이 14세의 아들이 13대 후손이지만, 이야기는 부풀려지기 마련이지 하며 웃는다.

이렇게 약 70년간 이어진 계승에 교황령은 발전에 발전을 거듭한다. 교황의 와인 샤또네프 뒤 파프 *Châteauneuf-du-pape* 부터 페트라르크와 로르의 애틋한 사랑 이야기, 여름의 별 토마토…. 성벽 5km로 둘러싸인 작지만 알찬 아비뇽의 이야기는 마치 드라마 같아서 다음 편을 열어 보지 않고는 배길 수가 없었다. 1955년부터 유네스코 세계유산으로 지정된 이유가 바로 이런 것들 덕분이겠지, 라는 생각이 든다.

7월 한낮의 뙤약볕을 견딜 수 있는 또 하나의 방법은 바로 세계적으로도 잘 알려진 연극 축제다.[114] 1947년 배우이자 연출가인 장 빌라르에 의해 창설되었는데, 당시 비평가이자 수집가인 크리스티앙 제르보스와 시인 르네 샤르가 교황청 *Palais des Papes* 예배당에서 열릴 전시회와 함께 올릴 공연을 제작해 달라고 부탁했던 것이 그 시초였다.

셰익스피어《리처드 2세》, 폴 클로델의《토비트와 사라》, 모리스 클라벨의《한낮의 테라스》세 편의 공연이 현재는 댄스, 뮤지컬, 시, 음악 공연 등으로 확대되어 공식 페스티벌 초청 공연인 IN 공연과 비공식 페스티벌 OFF로 나뉘어 각국의 관객들을 매료시키고 있다. 한정되고 밀폐된 공연장이 아닌 거리, 공원 등을 활용해 예술에 생명을 불어넣어 모든 이들이 함께 즐길 수 있게 하겠다는 취지가 종합 예술 축제로 발돋움한 것이다.

골목의 악사, 화려한 분장을 한 배우, 그리고 관객까지. 문을 열고 한 걸음만 내디디면 새로운 세상이 펼쳐진다. 원초적인 태양 아래 눈부신 리듬을 탐하고, 새벽이슬 같은 땀방울이 이마에 송글송글 맺힌다. 모두의 숨소리는 뜨겁고 거칠었으며 짜릿한 윙윙거림을 지나 파도 같은 물결의 군중들을 헤쳐 나갔다. 말소리는 음악이었고, 사람들은 조명과도 같았다. 살아 있는 박물관이었던 아비뇽의 깜짝 변신이다.

남프랑스에 도착한 만큼 맛보아야 할 먹거리가 한가득이다. 그중에는 단연 하나같이 입을 모아 칭찬하는, 소문이 자자한 빵집이 있다. 이름도 어여쁜 'La Magie des Pains *빵들의 마법*'이다.[115] 아비뇽과 빌뇌브 레자비뇽 사이 둥둥 떠 있는 일 드 라 바뜰라스*ile de la Barthelasse*는 피터팬이 사는 네버랜드 같은 섬이다. 40년 동안이나 빵집 불모지였던 곳에 로랑 보케와 마리옹 구르덩 드 프로멍텔이 2020년 자리를 잡았다.

차를 타고 가거나 다리를 건너 걸어가도 좋지만, 무료로 운영하는 셔틀 여객선**을 이용한다면 시원한 강바람을 가르며 도착할 수 있다.

kg 단위로 판매하는 투박한 빵들은 "한 조각만 잘라 주세요!"라고 말해도 찡그리는 것 없이 아주 친절하게 쓱싹 썰어 주니 식사 빵과 디저트류를 쇼핑하기 좋다. 바로 앞에는 수영장이 펼쳐져 있고 론 강이 흐르고 있어 멀리 떠나온 것만 같은 착각을 일으킨다.

"빵은 과거와 현재의 연결고리다(Le pain est le lien entre le passé et le présent)."라고 외치는 이곳에서는 100% 유기농 르방*Levain bio, 천연 발효종*으로 모든 빵을 생산한다. 밀가루와 물의 혼합만으로 살아 숨쉬는 효모를 만들어 내는, 무에서 유를 창조해 내는 마법이다. 수분 함량이 매우 높은 빵들이라 보관도 쉽다. 한 덩이를 사서 냉동실에 넣어 두면 마음이 든든할 테다.

마을의 빵*Pain du village*과 노르망디 버터로 만드는 크루아상은 빵을 즐기지 않는 이의 마음에도 무조건 자리를 비집고 들어갈 터이니 꼭 맛보는 것이 좋다. 특유의 질감에 감동을 받는다. 날이 좋다면 얼른 가방에 빵 한 조각을 챙겨 나와 바로 앞 잔디밭에서 여운을 길게 느껴 본다. 현지인들이 쉬어 가는 장소인 만큼 벤치가 많아 돗자리나 손수건

** Quai de la Ligne pour navette Barthelasse - rive centre-ville: 36 Bd de la Ligne, 84000 Avignon

을 챙기지 않은 날에도 무거운 엉덩이를 내려놓기 쉽다.

갓 구운 빵 냄새의 유혹을 거부하기 힘들다. 창백한 피부가 오븐에서 구릿빛으로 그을려 부풀어 오르면, 새벽의 고동 소리가 시작된다. 이슬을 맞으며 출근한 제빵사가 빚어낸 도자기 같은 모양새는 평화로웠던 간밤의 장막을 거두며 오물거리던 입에서 금세 사라져 버리고 마는 혀의 횡령이 시작된다. 아침 8시 30분, 줄이 길게 늘어서기 시작했다. 뒤를 돌아보니 온통 막 잠에서 깬 듯 덥수룩한 수염과 까치집을 지은 머리칼을 하고 있는 동네 아저씨들뿐이다. 조금이라도 주인장과 수다를 떨면 그새 아이들과 부인에게서 걸려 온 전화를 받는다. 사랑스러운 작은 아기 새들이 아침을 기다리는 모양이다.

라 마지 데 빵(La Magie des Pains)

135 All. Antoine Pinay, 84000 Avignon
영업시간 | 수-일 8:30~18:30

풍광에 눈이 맑아지는 초록빛 마을
퐁텐 드 보클뤼즈, 릴쉬르라소르그

france

퐁텐 드 보클뤼즈
(Fontaine de Vaucluse)

Fontaine de Vaucluse 84800

여름의 새벽 냉기에 색이 있다면 청록색이 아닐까. 찌는 더위를 피하고 싶은 날, 손에 잡히지 않지만 늘 꼭 움켜쥐고 싶은 물빛을 찾아 퐁텐 드 보클뤼즈*Fontaine de Vaucluse* 로 향했다.116)

팅커벨이 나타나 길 안내를 시작해 줄 것만 같은 이곳은 이름 그대로 '보클뤼즈의 샘물'이라는 뜻을 가지고 있다. 닫힌 계곡이라는 뜻의 발리스 클로자*Vallis Clausa* 가 시간을 거듭해 보클뤼즈가 되었는데, 냇물을 따라 계곡 위로 오르다 보면 분수처럼 솟아오르는 커다란 웅덩이가

릴쉬르라소르그
(L'Isle-sur-la-Sorgue)

L'Isle-sur-la-Sorgue 84800

반긴다. 걸음하는 내내 북한산 계곡의 백숙집이 떠오른다. 찬물에 발을 담그고 도토리묵과 막걸리 한잔이면 금상첨화겠다 싶다.

심연에서부터 솟아오르는 물줄기는 소르그 강*La Sorgue*의 원천수가 되어, 프로방스의 베니스라고도 불리고 고가구 앤티크 시장으로도 명성을 떨치고 있는 릴쉬르라소르그*L'Isle-sur-la-Sorgue*를 지나 론 강으로 흘러 들어간다. 프랑스에서 가장 큰 규모, 세계에서는 다섯 번째로 많은 지하수 매립량을 자랑하는 지하수다. 에펠탑이 잠길 정도인 약 310m의 깊이에서 뿜어져 나오는 물줄기는 빗물과 눈이 녹아 자연적으로 생성된다. 보글보글 거품처럼 배수되는 모습이 건기인 여름에도 유지되는 모습은 아직까지도 많은 과학자들에게 수수께끼다.

그래서 말썽꾸러기 용 쿨로브르*La Coulobre*의 이야기가 전해지나 보다. 온 동네를 밤마다 공포에 떨게 하며 사람과 가축을 무자비하게 학

살하던 이 엄마 용은 아빠 용이 자신과 아이를 버리자 새로운 남편 용을 찾고 있었는데, 그녀의 악행이 소문나 구혼자가 아무도 없었다고 한다. 계속해서 피해가 불어나자 베란 주교가 맞서 싸워 그녀를 단죄해 발밑에 굴복시켰다. 베란 주교와 용의 치열했던 싸움은 마을 어귀 작은 예배당 앞 동상에서도 만날 수 있다.

아름다운 이곳은 여러 작가들에게 영감을 불어넣어 주기도 했는데, 님 Nimes 출신의 알퐁스 도데는 《풍차 방앗간 편지》의 단편 〈별〉에서 이곳을 노래한다. 노새와 함께 양치기에게 식량을 전해 주러 왔던 스테파니 아가씨의 드레스가 불어난 강 물살에 젖게 되면서 목동과 스테파니 아가씨가 함께 별을 바라본다는 내용을 적어 내려가며 소르그의 물방울 소리를 묘사했다. 물소리를 들으며 〈별〉을 읽어 내려가면 그 애틋함과 쏟아지는 낭만에 잠식된다.

베란 주교와 쿨로브르
(Église Saint-Véran de Fontaine-de-Vaucluse)

84800 Fontaine-de-Vaucluse

시인 페트라르크는 아비뇽 생 클레르 수도원 예배당l'église du couvent de Sainte-Claire 에서 미사 후 아리따운 여인 로르와 스치는 찰나 첫눈에 사랑에 빠졌는데, 그녀는 이미 결혼한 유부녀였다. 그녀에 대한 사랑을, 또 생각보다 일찍 생을 마감한 그녀의 죽음에 대한 애도를 퐁텐 드 보클뤼즈에서 지내며 시로 표현했는데 그게 바로《칸초니에레》이다. 희망과 고통, 애절함을 담아내기에 고요하지만 자연이 살아 숨 쉬는 이곳이 최적의 장소가 아니었을까 싶다. 기쁨의 물결과 영혼이 함께 용솟음하는 곳, 살아있는 예술의 조각들을 온전히 내 것으로 받아들일 수 있는 장소였다.

산속을 걸어 내려오는 길, 16세기에 세워진 제지 공장에서 18세기의 방법을 고수하며 만들어 낸 종이를 몇 장 구입했다. 잔잔한 물소리를 들으며 소르그의 별빛을, 하늘에 떠 있는 광활한 아름다움을 시인의 두뇌로 생생하게 그려 본다. 숨이 막힐 정도의 압도되는 풍광, 어쩌면 지루할 정도로 단순한 순간들이지만 생각의 경로를 따라 상상력을 한곳으로 모으기에는 이보다 좋을 수 없었다. 풍광이 좋은 날 오늘의 기억을 글로 그림으로 한 번 더 풀어내야겠다.

예로부터 산에 등을 대고 의지하며 물을 바라본다는 배산임수 지형은 풍수지리적으로 완벽한 장소라는 평을 받는다. 11세기 문헌에서부터 섬을 의미하는 앙슐라Insula 라는 지명이 언급되어 있을 만큼 물이 충만한 마을 릴쉬르라소르그도 마찬가지일 것이다. 자연의 변덕스러움을 천혜와 같은 얼굴로 마주하고 있는 이 곳은 강의 리듬에 맞게 살아간다. 중세 초기 주민들로는 침략자들을 피해 오두막에서 생활하는 어부들이 주를 이뤘다고 한다. 그래서 '남프랑스의 베니스'라는 별칭이 끊이지 않고 따라다닌다. 11세기부터는 수력 에너지를 원천으로 섬유 산업이 주를 이뤘고 19세기 말과 20세기 초까지도 그 명성을 이어 갔다고 한다. 물레방아가 많은 이유가 여기 있었다.

매주 목요일과 일요일에 열리는 시장은 신선하고 품질 좋은 상품들을 직접 내 손으로 만져 고를 수 있는 기회를 제공한다. 8월 첫째 주에만 이벤트성으로 열리는 수상 시장Marché flottant도 볼만하다. 시장이 마치는 오후 1시가 되면 울려 퍼지는 노래를 꼭 들어 보아야 한다. 프로방스의 보석과도 같은 시인 프레데릭 미스트랄과 카탈루냐에서 추방되어 프로방스에 머무르며 따뜻한 환대를 받았던 시인 빅토 발라게의 우정에서 시작되어 니콜라 사볼리의 음악에 붙은 가사는 모든 연회장의 마무리를 담당하고 있는 노래 〈쿠포 산토Coupo Santo〉가 되었다.

시장은 숨 쉬는 코와 같다. 수상 시장도, 요일마다 찾아오는 시장도 멋지지만 릴쉬르라소르그를 제대로 느끼려면 영국 런던에 이어 역사의 한 획을 그어 가고 있는 프랑스 파리 생투앙Saint-Ouen의 벼룩시장[117]을 만나 보아야 한다. 비공식적으로는 1870년, 공식적으로는 1885년 프랑스와 프로이센 전쟁 직후 넝마주이들은 파리에서 쫓겨나 생투앙에 상인 마을을 건설한다. 그들은 밤에 도시를 돌아다니며 쓰레기통에 버려진 오래된 물건들을 찾아 시장에 팔았고 '달 어부pêcheurs de lune'라는

벼룩시장

(Le Village des Antiquaires de la gare)

2 Av. de l'Égalité, 84800 L'Isle-sur-la-Sorgue

별칭을 얻기도 했다. 이것이 벼룩시장의 최초 형태이다. 1차 세계대전 이후 생투앙 지역에 재개발 붐이 일며 앞다투어 취재가 시작되었고 그 사이를 틈타 파리지앵들의 주말을 책임지게 되면서 활기를 더해 갔다. 릴쉬르라소르그 벼룩시장은 1966년 14개의 전시 업체를 시초로 지방 최초의 벼룩시장이 되었고, 지금은 마을 곳곳에 300명 이상의 전문가와 딜러들이 상주하고 있다. 시청에서는 소비자들이 합리적인 가격으로 정품을 구매할 수 있도록 전국 골동품, 중고 미술 갤러리 노동조합*와 함께 협력하고 있다.

부서지거나 죽어 간다고만 치부했던 것들이 새 단장을 한 모습을 본다. 단조로운 무늬를 선호한다고 생각했는데, 착각이었다. 빙글빙글 돌며 재물의 값어치를 다시 알아 간다. 눈이 부실 정도로 반짝이는 은 식기가 자꾸 내 옷깃을 잡아끈다. 수 세기를 지나오면서 어떤 이야기를 들려줄지 궁금하다. 마치 할아버지의 다락방에 몰래 숨어든 기분이다. 5살 무렵이었던가. 벽에 난 네모난 문을 열고 삐그덕거리는 계단 위를 지나면 겨우 몸통을 욱여넣을 수 있을 만한 공간이 있었다. 그곳에서 거미줄 화환과 할아버지의 나이와 함께 고풍스럽게 늙어간 손때 묻은 목공예품을 찾아낸 기억이 되살아난다. 녹빛 도시에서 하늘로 건네는 나의 노래를 잘 들으셨을까.

* SNCAO, Syndicat National du Commerce de l'Antiquité, de l'Occasion et des Galeries d'Art.

루베롱의 영혼이 담긴 아름다운 마을
후쓸리옹, 루르마랭, 메네르브

france

후쓸리옹-(Roussillon)

Roussillon 84220

지구 표면의 70.8%는 푸른빛 바다이다. 잔잔한 물결 아래의 일들은 아무도 가늠할 수 없는 신비의 세계이기도 하다. 1억 1천만 년 전의 후쓸리옹-*Roussillon* 118)도 바다가 품고 있던 곳의 잔재다. 퇴적물들이 쌓이고 쌓여 희고 고운 석회암들을 형성했고, 그 위로 녹색 모래 알갱이들이 뒤덮여 해록석이라는 광물이 응축되었다. 이는 바다 목욕을 마치고 후쓸리옹이 세상 밖으로 그 모습을 드러냈을 때 풍화와 산화 작용을 거쳐 붉은빛이 드리운 황토 옷을 입게 했다. 선사 시대 때부터 채굴

작업이 이루어졌지만, 황토와 모래를 분리하여 염료를 채취하는 공정
이 시작된 것은 1780년 장 에티엔느 아스티에의 손에서였다. 물감, 직
물, 미용 제품, 도자기 등에 사용되던 만큼 한때 이곳에만 6개의 공장
그리고 1,500명의 근로자가 근무하며 호황을 이루었지만, 1940년대
말 합성염료의 등장으로 황토 무역이 약화되며 내리막길을 걷게 된다.

핏빛 서린 이야기도 있다. 후쓸리옹의 영주인 아비뇽의 레이몽은
아내 세르몽드를 두고 사냥에만 몰두하였는데, 외로움에 지친 아내는
견습 기사 기욤 드 카베스탕과 금지된 사랑에 빠져 버렸다. 분개한 남
편은 사냥 여행에 기욤을 초대해 뒤에서 공격하여 머리를 자르고 심장
을 찢어 버렸다. 사냥에서 돌아오자마자 요리사에게 아내가 가장 좋아
하는 매콤한 소스로 이 심장을 조리하라 지시하였다. 아무것도 모르는
아내 세르몽드가 맛있게 먹자, 음흉한 미소로 연인의 심장 맛이 어떻냐
고 되물었다. 절망에 빠진 세르몽드는 성에서 도망쳐 절벽 꼭대기로 달
려가 몸을 던졌고 이것이 후쓸리옹의 토양이 적갈색으로 변한 이유라
고 한다.

가만히 바라보고 있으면 붉고, 다홍빛이며 노란빛과 회색빛이 뒤엉
켜 오묘하게 빛나는 모양새다. 붉은 분노와 쓰디쓴 웃음, 아득한 사랑
의 메아리가 한데 뒤엉켜 불어오는 흙빛 바람과 바닷물에 모두 씻겨
나간다. 오묘한 대자연이 보내는 윙크에 물결치는 교향곡 한 편이 귓
가를 울린다.

테라코타 *Terracotta* 와 오커 *Ocre* 색이 뒤엉켜 저마다의 색을 뽐낸다. 여
름내 잘 구워져 태닝된 피부색 같기도 하고, 흙집으로 지어진 우리네

황토 마을이 생각나기도 한다. 미국의 브라이스 캐니언*Bryce Canyon National Park*이나 콜로라도의 레드락 캐니언*Red Rock Canyon*도 떠오르지만, 확연히 다르다. 세상을 환하게 만드는 방법이 모두 같을 수는 없다. 좌우로 시선이 옮겨 가는 내내 풍광이 눈을 정화시킨다.

작은 마을을 돌아보기에 1시간이면 충분했다. 바삐 다리를 움직여 다른 마을로 향했다. 프랑스의 가장 아름다운 마을로*Les Plus Beaux Villages de France* 지금까지 명성을 이어오는 176개 마을에*2023년 기준* 당당히 이름을 올리고 있는 곳들이다. 같은 하늘, 똑같은 햇살을 받고 있지만 어쩜 모양새들이 하나같이 다른지 쉴 새 없이 감탄사가 새어 나온다.

쉴 틈 없이 행선지를 바꾸더라도 꼭 빼놓지 말아야 할 것은 바로 빵이다. 프랑스 바게트는 2022년 유네스코 세계무형유산에 등재되었다. 바게트는 1년 내내 소비량이 가장 많은 빵으로 1993년부터는 프랑스 전통 바게트*Les baguette tradition Français*를 법령으로 보호하고 제한하고 있다. 밀가루, 식수, 식용 소금의 혼합물로만 구성되어야 하며 발효에도 제한을 둔다. 250g, 55cm~65cm의 길이, 5~6cm의 너비로 장인의 손에서 거쳐 탄생되며 품질을 보장한다. 매일 프랑스 인구의 75%인 약 1,200만 명의 소비자가 빵집 문을 열고 매년 60억 개 이상의 바게트가 빵집에서 태어난다. 눈을 뜨는 가장 이른 새벽 제빵사들은 재료를 계량하고 반죽하며 발효, 분할, 이완, 성형, 2차 발효, 제빵사들의 이름과 같은 칼집 내기, 소성 등 일련의 과정들을 한 가지도 빠짐없이 거쳐 소비자에게 전달한다. 35%~45%의 인상률에도 불구하고 가장 저렴한 마트에서 일반 바게트는 2023년 1월 기준 0.65유로로, 우리 돈 1,000원이면 구입할 수 있다. 전통 바게트는 조금의 오차가 있다는 전제하에 마트에서 1유로, 일반 빵집에서는 1.30유로 수준이다. 어느 하나라도 대충할 수 없는 노동의 대가가 1,000원이라니. 가끔은 서글플 때도 있지만, 가족 구성원 수만큼 바게트를 한 아름 품에 안고 부자가 되었다며 "Merci!" 하고 어깨를 토닥여 주며 돌아가는 할머니의 뒷모습을 보면 비교할 수 없는 값어치에 힘이 불끈 솟아난다.

품이 많이 들어가고 그만큼 찾는 이도 많아 냉동 제품을 판매하는 빵집도 있다. 전통 바게트인 트라디시옹*Tradition*을 구매하면 진짜 프랑스인들의 바게트를 맛볼 수 있다. '프랑스' 하면 베레모를 눌러쓰고 양손에 바게트와 와인을 든 모습이 떠오르지 않나. 그 이유를 확실하게 납득할 수 있을 것이다.

이렇게 빵에 진심인 나라에서 모든 것을 올인해 빵을 굽고 과자를 만드는 나는 어디를 가든 빵집을 한 번은 들러야 한다. 친구들은 농담 삼아 프랑스 모든 지역의 빵집 아카이브를 탈탈 털 셈이냐며 애정 어린 핀잔을 주지만 이 일을 업으로 삼는 내게 취미이자 배터리이다. 오븐에서 갓 태어난 빵을 손에 쥐고 속살을 갈라내 호호 불며 먹는 맛은 '인생 빵은 바로 이것'이라는 사실을 알려 준다. 꿀팁은 갓 나온 모든 빵에 무염 버터를 살짝 올리고 소금을 솔솔 뿌려 먹어 보는 것이다. 백발백중 실패가 없었던 방법이니 말이다. 혹시라도 냉동실에 곤히 잠자고 있는 덩어리 빵이 있다면 당장 오븐이나 에어프라이어를 예열해 보기를 바란다.

라 크루트 셀레스트(La Croûte Céleste)

203 Rue Oscar Roulet, 84440 Robion
영업시간 ┃ 화, 수, 금 15:00~19:30
┃ 토 15:00~19:00

요즘 아주 뜨거운 반응을 얻고 있는 구글 평점 5점에 빛나는 '라 크루스트 셀레스트 *La Croûte Céleste* '119)는 호노 드라메를 필두로 운영되고 있는 아주 작은 빵집이다. 전 세계가 들썩였던 2019년 코로나 사태 이후 전환점을 맞아 사회 복지 분야에 몸담고 있던 호노는 자신이 동경해 왔던 직업으로 경로 이동했고, 그 결과는 대단히 성공적이었다. 첫 오픈 때는 문을 열고 싶은 시간에 열기도 했으니 그 자신감이 어마어마하다. 지금도 화요일, 수요일, 금요일, 토요일 4일만 문을 열고 그마저도 단 4시간만 영업한다. 그래서 호노의 가게에는 2시 30분부터 대기 줄이 말도 못 하게 길다. 하마터면 주차했던 차를 꺼내오지 못할 뻔하기도 했다.

호노는 바쁜 와중에도 궁금증이 가득한 나에게 이리 오라며 손짓했다. 우리는 많은 이야기를 나눴다. 지역의 레스토랑으로 저녁 식사 빵이 배달되어야 하기에 차량에 빵을 싣는 손길이 분주했다. 나이를 불문하고 친구가 될 수 있는 포문을 열어 주는 공통 관심사는 이렇게 즐겁다.

이곳은 현지에서 조달되는 피샤르 방앗간*Les Moulins Pichard: Alpes-de-Haute-Provence*이라던가 생 조셉 방앗간*Saint-Joseph: Bouches-du-Rhône*을 이용해 신선한 현지의 맛을 선사하는 것에 중점이 맞춰져 있다. 영혼에 영혼을 더하는 샘물에 갠 보드라운 먼지 같은 밀가루들을 맛보는 시간이다. 무엇을 선택해도 상상 그 이상이다. 밀도가 높은 시골풍의 빵*Pain Paysan*을 집어 들었다. 아주 약한 산성의 신맛을 띠며 향기로웠고 섬유질을 포함하고 있어 뱃속이 편안할 것 같았다. 내일 아침으로 먹을 몇 조각을 남겨 두어야 한다는 생각을 잊은 채 무한대로 흡입하고 말았다. 돌아가는 길에 사려고 마음먹은 함께 얹어 먹을 푸아그라, 치즈, 잼들에 대한 계획이 무색해진 순간이었다. 따뜻하고 소중한 가장 인간적인 빵을 만드는 주방에서 안정적인 나의 주방으로 돌아가며 '주방은 행복'이라는 공식을 세웠다.

루르마랭(Lourmarin)

Lourmarin 84160

다음 행선지는 알베르 카뮈의 도시 루르마랭*Lourmarin* 120)이다. 카뮈는 자기 자신을 작가나 철학가라 칭하지 않고 '아름다움의 장인*un artisan de la beauté*'이라고 불렀다.

《이방인》의 첫 문장은 카뮈를 잘 모르더라도 누구나 들어 보면 기억이 난다. "오늘 엄마가 죽었다. 아니 아니면 어제였을지도 모르겠다."라는 섬뜩하면서도 경종을 울리는 문장 말이다. 한참 바다 건너 생활에 적응할 때, 불이 영혼을 잃어 재가 되어 버리는 것 같은 무기력에 빠질 때쯤, 차가워진 혈관을 타고 흐르는 피를 따뜻하게 데우기 위한 방편으로《이방인》을 손에 들고 있기도 했다.

세계와 인간, 실존에 스며든 부조리에 대한 인식과 반란에 바탕을 둔 인본주의적 철학이 담겨 있는 작품 세계로 1957년 노벨상을 거머

쥔 그는 루르마랭에서 작은 알제리를 느껴 정착했다. 루르마랭의 빛깔과 색채에 감명을 받았고, 어린 시절의 알제리를 떠올릴 수 있었으며, 자신이 사랑했던 고대 그리스의 사상을 찾을 수 있을 것이라 생각했다. 하지만 1960년 1월 6일 크리스마스 휴가를 보내고 파리로 돌아가던 길 편집자 미셸 갈리마르가 운전하는 차 옆 좌석에서 플라타너스와 충돌하는 사고로 명을 다한다. 카뮈의 묘는 아직도 루르마랭에 남아 있는데 나라에 공헌한 위인들이 잠들어 있는 파리의 팡테옹*Panthéon* 으로 이전하기를 여러 번 권유받았지만, 아들과 딸은 아버지의 기억을 보존하기 위해 거절했다고 한다.

올리브나무 아래에 앉아 카뮈처럼 앉아 그를 추억했다. 옆자리 노신사 한 분이 루르마랭 성*Le château de Lourmarin* 의 저주를 아냐고 물었다. 카뮈의 죽음과도 관계가 있다며 말이다. 고개를 드니 저 멀리 루르마랭 성이 눈에 들어왔다. 이 지역에 건설된 최초의 르네상스 양식의 성으로 프로방스 대영주 풀크 다굴이 1480년 건설하기 시작했다고 한

루르마랭 성(Château de Lourmarin)

2 Av. Laurent Vibert, 84160 Lourmarin
운영시간 | 매일 10:30~18:00

다. 증축에 증축을 거듭했지만, 성은 17세기에 버려지고 19세기 리용의 예술 애호가이자 사업가 로버트 로랑 비베르에 의해 재탄생된다. 로버트가 이 성을 구매할 당시 집시들이 점령하고 있던 상태였는데, 강제로 철거 명령을 내리자 그들은 성에 관계될 모든 이들에게 저주를 퍼붓고, 성 내벽에 은밀한 표식을 남겼다. 정말로 성의 재건에 기여한 사람들은 비극적인 최후를 맞이하는데, 성 관리 재단에 자신의 재산 일부를 기부한 다음 날 카뮈가 자동차 사고로 생을 마감한 일은 우연의 일치일까 정말 저주 때문이었을까.

개운하지 않은 이야기였다. 할아버지와 인사를 마치고 작은 꽃 두 송이를 샀다. 한 송이는 카뮈를 위하여, 한 송이는 앙리 보스코를 위하여 차갑지만 따스해 보이는 돌무덤 위에 살며시 내려놓았다. 어느 날 갑자기 방향을 틀어 열기를 타고 하늘로 날아가 버렸지만, 세상에 남긴 빛나는 전리품들을 보고 듣고 읽으며 그들을 추억한다. 깨지지 않는 순수와 평온함 속에 영원히 살기를 바라면서 말이다.

여름은 해가 길어 좋다. 22시까지는 하늘에 그림자가 드리워지지 않는다. 지혜, 승리의 로마 여신 미네르바의 이름을 딴 메네르브Ménerbes 121)가 오늘의 종착지다. 1989년 피터 메일은《프로방스에서의 1년》을 시작으로 총 15권의 책을 발표하면서 많은 이들의 한 달 살기가 시작되었다. 프로방스 하면 생각나는 영화 〈어느 멋진 순간〉도 피터 메일의 다섯 번째 작품이다. 이 영국인을 사로잡아 25년을 정착하게 만든 프로방스의 매력이 무얼까 궁금하다면 이곳으로 와야 한다.

메네르브(Ménerbes)

Ménerbes 84560

또한 파블로 피카소가 사랑했던 다섯 번째 여인이자 사진가, 예술
가였던 도라 마르는 피카소와의 관계가 끝날 무렵 그에게서 받은 그림
을 처분해 이곳에 작업실을 만들었다. 1997년, 생을 마감할 때까지 처
분하지 않았던 도라 마르의 집 _Maison Dora Maar_ 은 현재 예술가들을 위한
공간으로 사용되고 있다.

구석기 시대부터 사람이 거주했다고 알려진 메네르브는, 고대에는
로마를 잇는 상업 군사 도로의 정류장이었다. 1215년에는 요새 같은
모습으로 교황령 _Comtat Venaissin_ 의 남쪽 분계선을 표시했고, 1573년부터
1578년까지 위그노에게 마을을 점령당하고 가톨릭 군대의 공격을 네
차례나 받으며 메네르브의 영주 레이몽 바하리에의 성이 심각하게 파
괴되기도 했다. 13세기에 석회암으로 지어진 생 뤽 교회 _L'église Saint-Luc_ ,
1720년에 재건되고 1955년에 복원된 노트르담 데 그라세스 예배당 _La_

*chapelle Notre-Dame des Grâces*은 조르주 드 포게다이에프의 제단화 세 폭과 벽화, 안토닌 바르텔레미의 조각품을 만날 수 있어 눈길이 닿는 곳곳 역사가 함께한다.

길쭉한 배 형태의 마을을 하염없이 걸었다. 태양은 산마루를 지나고 달빛이 하늘에 그림자를 드리운다. 잔잔한 하루 인사에 심장 박동이 느슨해지는 것 같았다. 하루의 파도에 모래처럼 시간이 씻겨 나간다. 현재에 던져진 나의 세계와 급류처럼 흘러가 버린 아득한 과거가 함께 꿈을 꾸고, 삶을 탐구한다. 많은 것들이 스쳐 지나간 오늘 모든 게 흩어지지 않도록 오랫동안 잡아 두어야겠다.

도라 마르의 집(Maison Dora Maar)

58 Rue du Portail Neuf, 84560 Ménerbes

라벤더 향기를 탐하며
발랑솔, 베르동, 무스티에 생트마리

france

발랑솔(Valensole)

Valensole 04210

날카로운 신경을 안정시켜 주며 진정제 역할을 톡톡히 하는 라벤더를 만나러 가는 날은 치유의 날이라 칭해야 할 것만 같다. 보송보송하게 마른 빨랫감에서 은은하게 나는 향기. 잠이 잘 들지 않는 밤, 단 한 방울이면 숙면까지 도와주는 마법 같은 아이는 어쩜 색까지 곱디곱다. 카미유 피사로의 〈라벤더 밭*Champs de Lavande*〉처럼 끝없이 넘실대는 보라 정원이 눈앞에 아른거린다.

라벤더는 씻는다는 뜻의 라틴어 'lavare'에서 유래되었는데, 과거 로마인들은 목욕물에 라벤더를 사용했다고 기록되어 있을 만큼 아주 일찍부터 인간의 곁에 있었던 식물이다. 기원전 1세기에는 독이 있는 동

생크로와 호수
(Lac de Sainte-Croix)

la plage, 04500 Sainte-Croix-du-Verdon

물에게 물렸을 때 해독제로 사용되었던 테리아크*La thériaque*의 구성 원료 중 하나이기도 했다. 중세 시대에는 의학 팸플릿에 살균력에 대한 이야기가 실리기도 했다.

1년 중 단 15일만 화사하게 피어나 발랑솔 고원을 물들이기 때문에 날짜를 맞추기가 여간 까다로운 게 아니다. 그래도 면적이 800km^2에 달하는 이 광경을 놓칠 수는 없다. 라벤더는 해발 800m 이상에서만 자라며, 1ℓ의 에센셜 오일을 만들기 위해서는 100kg의 꽃이 필요하다. 라방딘*Lavandin*은 두 가지 종의 잡종으로, 낮은 고도에서도 잘 자라며 40kg의 꽃에서 1ℓ의 오일을 압착해 낼 수 있어 수익성이 더 좋다.[122] 하지만 구성하는 성분이 다르므로 사용처에 따라 구분해야 한다. 향기의 깊이에 숨이 막힐 때쯤 바람이 불어와 코끝을 자극하고, 합창하는 벌들의 노래 속에서 꿈처럼 표류한다. 라벤더 가지들이 쓰다듬는 손길은 부드럽고 상냥했다. 뙤약볕이 내리쬐 익어 가지만, 밭에서 헤어나올 수가 없었다.

이 불볕더위에 호수에 발이라도 담가야 살 수 있을 것 같았다. 차를 몰아 베르동 협곡*Gorge du Verdon*으로 미끄러져 갔다. "물은 금이다(Eici l'aigo es d'or)."라는 프로방스 속담이 있을 정도로 물줄기는 주민들에게 중요한 부분을 차지했다. 토와제베셰*Trois-Évêchés*, 몽쁠라*Mont Pelat*, 알로스 호수*lac d'Allos*에서 흘러나오는 급류가 만나 탄생한 베르동은 유럽의 그랜드 캐니언이라 불린다.

1971년 수력 발전 저수지를 만들다가 크루아*Croix*, 에스파롱*Esparron*, 몽페자*Montpezat*, 아르티노스크*Artignosc* 살르쉬르베르동*Salles-sur-Verdon*까지 다섯 마을이 침수되었다. 이때 흘러나온 물을 가두어 생크로와 *Sainte Croix* 댐을 건설했고 길이 10km, 너비 2km의 인공 호수가 만들어졌다. 이 호수는 2023년 기준 프랑스에서 세 번째로 큰 저수지로 농지 관개에 참여하며 식수 공급원으로도 사용되고 있다. 불소와 미세 조류 덕분에 에메랄드빛을 띠고 있는 베르동과 석회 성분으로 인해 일조량에 따라 신비한 물빛을 선보이는 생크로와 호수는 지질학적 경이로움을 선사한다. 카누를 타는 사람, 다이빙하는 소녀, 발을 담그고 물장구를 치는 어린아이들까지 더해져 광경을 풍요롭게 만들었다. 휘잉 날개를 펼치며 먹잇감을 찾아 비행하는 그리폰 독수리 두 마리가 보였다. 강아지를 채갈까 얼른 한 커플이 챙겨 껴안는 모양새다.

파도가 일지 않아 잔잔한 얼음쟁반 같은 호수가 뽐내는 매혹적인 색감이 나의 오감을 물들인다. 솜사탕 같은 구름이 낮은 하늘을 살포시 가려 줄 즈음 물 밖으로 나왔다. 짠기가 없는 물이라 금세 보송하게 말랐다.

남프랑스의 대자연에 포근히 안긴 오후 느지막이 별을 보러 무스티에 생트마리 *Moustier-Sainte-Marie* 로 출발해 보았다.

절벽과 절벽 사이에 반짝이는 무언가가 시선을 사로잡았다. 1210년 십자군 기사 블라카스는 사라센들에 의해 투옥되는데, 무사히 가족들 품에 돌아갈 수만 있다면 성모 마리아께 별을 바치겠다고 기도했다고 한다. 극적으로 탈출에 성공한 블라카스는 가문의 문장과도 같은 16개의 빛줄기가 있는 영원히 지지 않는 별을 바쳤다. 이 이야기는 프

무스티에 생트마리
(Moustier-Sainte-Marie)

Moustier-Sainte-Marie 04360

로방스 지방 언어인 옥시타니어와 문화를 보존하는 데 힘쓴 프레데릭 미스트랄에 의해 두고두고 전해진다.

은총을 받은 마을이라는 이야기가 정말인지, 이 작은 마을에 교회와 예배당이 세 곳이나 된다. 그중 하나인 성모 승천 교회*Église Notre-Dame de l'Assomption*는 특이하게도 제대가 예루살렘 방향을 바라보고 있어 삐딱한 모양새다. 12세기에 건설된 종탑은 유럽에서 기록된 움직이는 종탑 3개 중 하나라 그 가치가 어마어마하단다. 보부아르 예배당*La chapelle Notre-Dame de Beauvoir*은 5세기에 지어진 신전 위에 12세기 말 올라서는데, 365개의 계단을 올라가 기도하면 사산아들이 천국으로 갈 수 있어 많은 부모님들이 찾았다고 한다. 마지막 예배당은 생 안느 예배당*La chapelle Saint Anne*으로 16세기 지어졌다.

소박한 마을을 걷는 내내 물소리, 새소리, 바람 소리에 마음까지 상쾌해졌다. 한 가지 더 특이했던 점은 목재와 점토가 풍부한 마을이라는 것이다. 1689년 한때는 태양왕 루이 14세에게 토기를 진상할 정도로 대규모의 토기 사업이 흥했던 곳이다. 무스티에의 토기가 왕실에 납품될 수 있었던 이유는 당시 리에 주교구의 산하 아래 마을이 있었기 때문이다. 리에 주교구의 수장은 항상 왕이 직접 임명하는 대가문 출신들의 영향력 있는 인물들이 자리에 앉았다.

12개의 공장이 즐비했고, 1769년 리모주의 고령토 채석장이 발견되기 전까지 그 가치가 엄청났다. 흥망성쇠를 겪으며 현재는 7개의 공방이 남아 있는데, 새가 장식되어 있는 무스티에만의 자유로움이 녹아 있는 것이 특징이다. 작은 접시를 하나 구매해 액세서리를 담아 두기로 했다. 쓰다듬을 때마다 이곳을 추억할 수 있을 것이다.

관광객이 밀물과 썰물처럼 빠져 나가고 발소리가 메아리로 들려올 만큼 고요한 순간이 찾아왔다. 목동들이 하루의 피로를 풀기 위해 마셨던 라벤더 꿀이 첨가된 로컬 맥주 한 잔을 들이켰다. 향기는 남았고, 마음에는 불꽃이 일었다. 보드라운 벨벳 천 위로 다이아몬드가 흩뿌려지듯 별들이 수놓는 하늘을 바라보며 심호흡했다. 경이로운 공간 안에서 하루를 마치며 어둠 속으로 빨려 들어가듯 잠자리에 들었다.

퐁콜롬브
(Château de Fonscolombe)

Rte de Saint-Canadet, 13610
Le Puy-Sainte-Réparade

　　수도인 파리보다는 소박하지만 지방의 300년 이상 된 생생한 역사를 두 눈으로 담는 일은 실로 대단하다. 영국 현 국왕 찰스 3세의 할머니이자 살아 있는 영국의 산증인 엘리자베스 2세가 어머니 엘리자베스 보우스 라이언의 39번째 생일을 축하하기 위해 삼나무를 심어 둔 곳이라면 더욱 궁금해지기 마련이다. 퐁콜롬브 *Château de Fonscolombe* 는 18세기 엑상 프로방스 *Consul d'Aix* 의 영주이자 직물 상인이었던 드니 보이에 퐁콜롬브의 손에서 탄생하는데, 이탈리아 콰트로첸토* 형식으로 프로방스 스타일의 회반죽 천장, 샹들리에, 제노아 가죽과 중국풍 벽

---

*　Quattrocento, 400을 뜻하는 이탈리아어. 미술상의 1400년대, 즉 15세기 이탈리아의 문예부흥기를 지칭한다. 특히 중부와 북부 이탈리아를 중심으로 한 초기 르네상스의 시대양식과 시대개념을 나타내기 위한 용어로 쓰인다.

지로 장식된 살롱은 아름다움에 눈을 뗄 수 없었다.[123]

50개의 객실 중 여왕이 묵었던 방은 203호이니 궁금하다면 꼭 방 번호를 선택해야 한다. 2017년 18개월의 보수 공사가 끝난 상태라 아주 깨끗하고 정갈한 모습들로 맞이한다. 180종의 나무와 식물들을 지나면 태양 빛의 유희를 즐길 수 있다.

현재 호텔 레스토랑 오랑주리 L'Orangerie[124]는 마크 퐁텐 셰프가 이끌고 있다. 햇살 샤워를 막 끝낸, 직접 재배한 프로방스의 열기 가득한 채소들과 호텔 부지에서 재배하고 관리해 만든 화이트, 로제, 레드와인을 만날 수 있다. 크레파스로 빽빽이 칠한 듯 구름 한 점 없는 새파란 하늘 아래에서 마시는 로제와인과 화이트와인은 지리적 표시 라벨 IGP Bouches-du-Rhône을 받은 것이다. 포도 수확부터 와인 제조 과정이 끝날 때까지 수행되는 모든 작업은 해당 지역에서 수행된 것으로 짧게 침용한 듯 과실 향이 똑똑 노크한다. 대단한 맛은 아니지만, 가볍게 여름 더위를 피하기 위해 물을 대신해 꿀꺽꿀꺽 마시기에 딱이다. 집마다 할머니가 내주는 감주 맛이 각각 다르듯 시골, 그리고 정겨운 자연의 맛이 느껴진다. 다른 지역의 와인들도 많이 구비되어 있지만, 한 번쯤은 로컬 와인을 잔으로라도 마셔 보는 것이 특색을 느끼기 좋다.

나무들이 좌우로 아래위로 춤을 추듯 흔들린다. 와인 한 잔을 손에 들고 수영장에 누워 낮잠을 즐기기도 했고, 작은 예배당에 앉아 묵상을 가장한 사색에 잠기기도 했다. 손등을 감싸는 온기가 작은 입맞춤을 하자 저절로 펜에 손이 갔다. 외향적으로 비치는 화려함에 잠식되었던 자극에서 벗어나 온유한 낙천주의를 배워 간다. 두 뺨은 살굿빛

으로 물들고, 빛이 투과된 물방울은 나른함을 깨운다. 잃어버렸던 시
간을 되찾으며 흙의 이야기를 듣고, 나뭇잎이 길게 내민 촉촉한 손길
을 매만진다. 쉼표는 풀씨처럼 포근하다.

퐁콜롬브 오랑주리
(La table de l'Orangerie - Château de Fonscolombe)

Rte de Saint-Canadet, 13610 Le Puy-Sainte-Réparade

색감 천재 반 고흐의 발자취를 따라 아를,
생 레미 드 프로방스, 생트 마리 드 라 메르

france

밤의 카페
(Le Café Van Gogh)

11 Pl. du Forum, 13200 Arles

에스파스 반 고흐
(L'espace Van Gogh)

Pl. Dr. Felix Rey, 13200,
Arles France

미풍이 불어오며 마음이 깃털처럼 가벼운 날이다. 누구나 글자만 들어도 심장이 콩닥이며 설레는, 빈센트 반 고흐 하면 공식처럼 따라붙는 백일몽이 펼쳐질 것 같은 아를Arles 125)로 향한다.

최고의 렌즈는 수천만 가지의 색을 구별할 수 있는 사람의 눈이다. 예술이 아름다운 이유는 빛을 이용해 사물을 옮겨 담아 오랫동안 간직할 수 있기 때문이 아닐까. 당장이라도 론 강둑에 이젤을 세워야 할 것만 같았다.

아를은 갈리아인들의 작은 로마라고 불릴 정도로 번화한 도시였다. 1981년 세계유산으로 등재된 8개의 기념물 들을 보면 그 오래전 역사 속으로 빨려 들어가는 듯하다. 원형 경기장*L'Amphithéâtre romain*, 고대 극장 *Le Théâtre antique*, 생트로핌 대성당*Cathédrale Saint-Trophime d'Arles* 과 회랑*Eglise Saint-Trophime et son cloître*, 알리스캉*Alyscamps* 등을 차례로 지난다.

더 옐로 하우스(La Maison jaune)

7 Rue Georges Tinarage, 13200 Arles

알리스캉, 알리스캄프(Alyscamps)

Av. des Alyscamps, 13200 Arles

루마
(LUMA Arles, Parc des Ateliers)
35 Av. Victor Hugo, 13200 Arles

고흐와 고갱의 그림으로 눈에 익은 장소 알리스캉에서 발걸음이 멈춘다. 천국으로 가는 길인 샹젤리제*Champs Elysées*와 같은 뜻의 이곳은 로마 묘지다. 시간이 멈춘 듯한 공간 속 이우환 작가의 조형물 사이로 바람만이 고요하게 불어온다. 시간과 예술이, 과거와 현재가 얽기설기 뒤엉켜 있다. 만남을 제안하는 것에 늘 중점을 두는 이우환 화백의 세 번째 미술관이 왜 아를에 자리하게 되었는지 단번에 이해되는 풍경이었다. 뒤로는 프랭크 게리가 설계한 루마 아를*Luma Arles*이 빛을 반사하며 시간의 흐름을 보여 주고 있었다.

순례자들에게는 산티아고 데 콤포스텔라*Santiago de Compostela*로 향하는 시작점 중 한 곳이기도 하다. 모든 것에는 의미가 있다. 내면으로의 항해가 시작되며 환상을 끌어안게 되는 아를이다.

고흐 역시 1888년 2월 20일, 쳇바퀴처럼 돌아가는 바쁜 파리 생활에 지쳐 있을 때, 앙리 드 툴루즈 로트레크가 극찬했던 따뜻한 남쪽 나라의 빛을 따라 떠나왔다. 그리고는 이곳을 거쳐 마르세유로 나아가 배를 타고 이국 땅으로 떠나려 했지만, 자신이 그토록 빠져들었던 일본 판화 우키요에와 비슷한 아를에 매료되어 약 15개월을 머물게 된다. 생애 작품 가운데 300여 점 가까이를 이곳에서 그려 낼 정도였으니 애착이 얼마나 깊었는지 알 수 있다.

5월에는 노란 집으로 이사하면서 예술가 공동체를 꿈꿨는데, 그 제안을 받아들인 유일한 이가 폴 고갱이었다. 예술적 영감을 주고받은 둘이었지만 그림에 대한 견해가 달랐을뿐더러 극심했던 성격 차이로 둘의 동거는 두 달 만에 막을 내리게 된다. 게다가 정신병 발작 증세로 인해 1888년 12월 23일, 면도칼로 자신의 귀를 자르기에 이르러 아를 시립병원에 입원한다. 증세가 완화될 때마다 병원을 나와 집으로 돌아왔는데, 기이한 행동이 위협적이라는 아를 시민들의 탄원서에 상처를 받은 고흐는 생 레미 드 프로방스Saint-Rémy-de-Provence의 생폴 모졸 정신병원Saint-Paul de Mausole 으로 입원처를 옮기게 된다.

우리에게 잘 알려진 〈별이 빛나는 밤〉(1889), 〈꽃 피는 아몬드 나무〉(1890) 등 150점에 가까운 그림이 남은 곳이기도 하다. 고흐는 1년을 이곳에서 머물다가 오베르 쉬르 우아즈Auvers-Sur-Ois로 떠난 지 두 달여 만에 생을 마감한다.126) '조금만 더 이곳에 그를 붙잡아 두었다면 그의 삶이 달라지는 않았을까'라는 생각이 머리를 맴돌았다.

생 레미 드 프로방스를 대표하는 인물이 한 사람 더 있다. 바로 5세기가 넘도록 회자되고 있는 천문학에 능통한 의사이자 예언가 노스트라다무스이다. 그는 1555년 예언서 《레 프로페티스》를 출간한 이후 주목을 받는다. 그가 말했던 2024년의 세계적인 갈등, 왕실의 불안, 기후 재앙 등의 이야기는 얼마나 들어맞을까 궁금하다.

햇살과 대지가 만나 가로지르는 평야가 구분되지 않을 만큼 넓고 광활한 자연 속을 내달리는 기분이 상쾌하다. 마법의 물약이라도 타 놓은 듯, 푸르디푸른 하늘을 마음껏 감상 하느라 목이 아픈 줄도 모르고 올려다보았다. 산으로 들로 바다로 자유롭게 쏘다니는 매일이 아름답다.

아를의 희고 분홍빛의 봄에 취했던 반 고흐가 6월의 푸른 바다 지중해를 보기 위해 생트 마리 드 라 메르_Saintes-Maries-de-la-Mer_로 훌쩍 떠났던 것처럼 똑같이 움직여 보았다. 작지만 반짝이는 마을에 들어섰을 때 반 고흐가 동생 테오에게 보낸 편지 내용이 생각났다.

"지중해의 색은 마치 고등어와 같아. 즉 변화하는 것이지. 우리는 그것이 녹색인지 보라색인지 항상 알 수 없고, 파란색인지도 항상 알 수 없어. 왜냐하면 반사가 변경된 후 두 번째에는 분홍색 또는 회색을 띠었기 때문이야(La méditerranée a une couleur comme les maquereaux, c'est-à-dire changeante, on ne sait pas toujours si c'est vert ou violet, on ne sait pas toujours si c'est bleu, car la seconde après le reflet changeant a pris une teinte rose ou grise)."

샹트 마리 드 라 메르
(Saintes-Maries-de-la-Mer)

Saintes-Maries-de-la-Mer 13460

반 고흐의 영혼의 깊이가 더해져 나에게도 파란색이 완전히 새로운 의미로 다가왔다. 해 질 무렵의 산책은 그를 특히 서정적으로 만들었고 〈별이 빛나는 밤〉 시리즈에 대한 영감을 주었다고 한다. 그리고 그해 9월에 〈론 강의 별이 빛나는 밤에〉(1888)를 완성해 낸다. 기쁨, 사랑, 고통… 인간의 모든 고뇌가 아름답게 녹아 있는 그림을 말이다.

이 아름다운 해안 도시가 유명세를 떨치는 데는 서기 48년경 시작된 프로방스 교회의 전승도 한몫한다. 신약 성서 이후의 이야기로 예수님이 사흘 만에 부활하시고, 40일 만에 승천하신 이후의 사건들이다.

예수님의 제자들은 그의 가르침을 전파하기 위해 그리고 로마 제국의 신흥 종교 박해를 피해 예루살렘을 떠나기 시작하는데, 그 때 배를 타고 지중해로 건너온 마리아들의 이야기다. 지명 또한 '바다의 거룩한 마리아들'이라는 뜻이다.

이곳 성당에는 마리아 자코베, 마리아 살로메, 마리아 사라의 유해가 보관되어 있다. 특별히 검은 피부색을 가졌던 마리아 사라는 집시들의 신앙적 모델로 여겨져 매년 5월과 10월 미사를 드리고 바다로 나아가 침수하는 의식을 치르며 경의를 표한다.[127]

특별함에 특별함이 더해진 곳, 생트 마리 드 라 메르. 오묘하게 빛을 발하는 별이 하루 감정과 생각에 날개를 달아 준다. 삶은 바다 같다. 부드럽고 우아한 물방울들이 쿵쾅이는 사나운 파도로 변하기도 하고, 천둥이 치기도 하며 태양은 어느새 얼굴을 감추기도 하지만, 변주는 변주일 뿐 언제 그랬냐는 듯 잔잔하고 고요해지니 말이다. 한여름 밤의 별빛이 눈이 부시게 찬란하다. 마음속으로 고흐의 해바라기가, 아몬드꽃이, 올리브나무가 흐드러지게 쏟아진다.

중세 시대 보 백작령의 영주 몽 뺑의 사유 재산 중 하나였던 이곳은 알프 드 오뜨 프로방스_Alpes-de-Haute-Provence_의 요새 이름을 따 에스토블롱_Estoublon_이라 명명된다. 프로방스 언어로 작은 밀이라는 뜻의 성은 시대를 지나며 여러 손을 거쳐 지금으로 이어진다. 1956년 끔찍한 서리가 이곳을 덮쳤을 때 올리브나무들은 모두 숨을 거두었다. 그중 살아남은 녀석들의 가지에서 뻗어 나온 줄기의 수명을 대략 예상해 본다면 250년~300년의 이야기를 지니고 있다고 한다. 약 200_ha_에 달하는 정원을 보유하고 있는데, 이곳에서 나온 올리브유는 1995년 레 보 드 프로방스*Les Baux-de-Provence* 계곡이 AOP 라벨로 구분되면서 그 명성을 더해 간다.

갓 자른 풀향과 아티초크의 쌉싸름함에 더하는 끝맛의 오일리함이 매력적으로 느껴진다. 미각의 세계는 심오하다. 그로산*Grossane*, 살로넨크*Salonenque*, 베르게트*Bérguette*, 피콜린*Picholine*, 부테양*Bouteillan*이라는 단 5가지 품종만을 고집하여 단일 품종으로 짜내며 일일이 손으로 수확해 그 노동의 값어치가 높아진다. 11월과 12월 사이 수확 직후 성 내부에서 냉압착 후 병입을 진행한다. 뉴욕에서 열리는 올리브오일 대회 *Le New York International Olive Oil Competition*에서 2020년에는 이탈리아나 스페인을 제치고 상을 거머쥘 정도의 탄탄한 맛의 구조를 자랑하고 있다.[128]

직접 재배한 토마토가 들어간 여름 샐러드 위에 올리브오일 이불을 살포시 덮어 주면 그 향긋함이 배가 되어 접시를 싹싹 비우게 된다. 이곳에서 재배되어 수확한 포도로 빚어 낸 화이트와인 한 잔을 얹어 주면 금상첨화다.

남프랑스 레스토랑의 단점이자 장점은 외곽에 위치한다는 것이다. 직접 수확한 채소들과 과일들, 그리고 버섯까지도 그 자리에서 준비되니 가장 신선하고 맛있을 때 100점 만점 최상의 맛으로 살아 있는 자연, 맛의 원천인 원재료의 힘을 즐길 수 있다

그르나슈 블랑*Grenache Blanc*, 마르산*Marsanne*, 루싼*Roussane*이 혼합된 화이트와인은 신선함과 기교가 결합되어 전식부터 본식까지 아우르며 맛의 조화를 이루어 낸다. 100% 그르나슈*Grenache*로만 빚어진 녀석도

괜찮다. 독창적이며 역동적이다. 로제나 레드와인도 만나 볼 수 있으니 지중해식 식사 메뉴에 맞게 선택하거나 부티크에서 구입할 수 있다. 유기적인 것들과 무기적인 것들이 맞물려 엮어 내는 서사가 전달된다.

꿀꺽 넘긴 와인 한 모금에 열기가 타고 흐른다. 잔을 타고 흐르는 불꽃놀이 같은 진한 점도의 와인이 반짝이는 물결처럼 일렁인다. 햇빛을 그대로 흡수한 구릿빛의 피부에 팔락 날아든 나비를 쫓아 본다.

샤또 데스투블롱
(Château d'Estoublon)

Route de Maussane, 13990 Fontvieille

라 테이블 데스투블롱
(La table d'Estoublon)

영업시간 | 매일 12:00~22:00
        | 브레이크타임 15:00~19:00

프로방스의 향취, 맛있는 산책

france

| 파씨(Petits farcis à la provençale)

'프로방스'라는 단어가 주는 힘은 대단하다. 이름만으로도 목가적인 여름 풍경이 떠오르고, 활기가 넘치며, 우렁찬 매미 소리가 들려온다.

떼루아는 번역할 만한 마땅한 단어가 없을 만큼 프랑스의 고유한 명사다. 전형적인 농업 생산이 이루어지는 토양이자 문화이며 자연적인 요소들이 결합된 결과다. 품질에 특수성을 부여하는 단어이기도 하다. 육지와 바다를 넘나드는 5,000km^2에 육박하는 이 비옥한 땅에서 나고 자라는 특별함 가득한 열매들을 만나 보기로 했다. 프로방스 요리

| 라따뚜이(Ratatouille provençale)

는 올리브오일, 향기로운 허브, 마늘 및 다양한 채소를 기본으로 한다.

첫 번째로 미각을 사로잡은 것은 꽃의 산물인 토마토다. 농림 축산 식품부에서 '여름의 별'이라 칭할 만큼 프랑스인들의 토마토 사랑은 1인 연간 소비량이 14kg에 육박할 정도로 대단하다.[129] 둥근 모양, 길쭉한 모양, 울퉁불퉁한 모양 생김새도 가지각색인 녀석들은 제각각 맛도 다르고 쓰임새도 다르다. 토마토는 남아프리카에서 시작되어 16세기에 프랑스에 도착한다. 원래는 관상용 식물이었으며 18세기가 돼서야 소비가 시작되는데, 그 시작이 바로 프로방스였다.

채소밭이나 시장에서 구할 수 있는 지역 농산물에 익숙하고, 낭비하지 않기를 바랐던 사람들은 당시 비싸고 희귀했던 채소와 남은 고기를 기반으로 토마토에 속을 채운 요리 파씨*Farci*를 구현해 낸다. 이 전통 요리는 대대로 이어져 프로방스의 명물로 자리 잡았으며, 프랑스인들에게는 할머니의 식탁에서 만나던 추억의 음식이기도 하다.

1803년, 그리모 드 라 헤니에의 《미식가의 연감*L'almanach des gourmands*》에 등장하기부터 폴 보퀴즈가 요리법을 정립하기까지 마음으로 먹는 이 사랑의 요리는 제철이면 꼭 먹어야 한다. 라따뚜이*Ratatouille*나 티앙*Tian* 역시 손에 꼽히는 토마토 요리법이기도 하다.

기억 저편에는 땀을 뻘뻘 흘린 방과 후 집에 돌아오면 설탕이나 소금을 살짝 뿌린 여름 별미가 산타클로스의 선물 보따리처럼 기다리고 있다. 포크로 접시 위를, 마치 건반을 넘나들 듯 춤을 추던 그때가 생각난다. 흰 티셔츠 위로 축제처럼 주르륵 흘러내린 과즙은 어느 예술가의 붓 터치 같기도 했다.

계절이 지났지만 맛보고 싶다면 시장의 반찬 코너로 발걸음해 보는 것도 하나의 방법이다. 아비뇽 시장인 레 알 마켓*Les Halles d'Avignon*은 오전 6시부터 오후 14시까지 열려 있다. 1859년 창설된 시장으로 40여 명의 상인으로 구성되어 있고, 외곽에 프랑스 식물학자 패트릭 블랑의 수직 정원이 숨 쉬는 형태로 반긴다. 이곳에서 궁금했던 현지 음식, 허기를 채울 수 있는 빵, 안주로 곁들일 수 있는 것들을 구매해 시장 내 목축임을 제공하는 형태의 바*Bar*에 가면 추가 금액 없이 장바구니를 열어 배를 불릴 수 있다. 우리가 시장에 가서 호떡, 떡볶이, 김밥, 어묵

레 알 마켓(Les Halles d'Avignon)
18 Pl. Pie, 84000 Avignon

등 주전부리를 하는 것처럼 말이다. 아주 적은 100g 단위 또는 과일은 먹음직스러운 녀석으로 1개만도 구매할 수 있으며 대부분은 영어를 아주 능숙하게 하니 가벼운 마음으로 다가가도 된다.

나는 조용히 즐기고 싶어 장바구니를 가득 채워 왔다. 더위와 습기가 섞이는 날, 문틈 사이로 새들이 지저귀는 소리와 강렬한 태양빛이 레이스 문양으로 숨어든다. 화창한 계절 토지의 모든 양분을 끌어모아 응축시켜 놓은 과즙이 팡팡 터지는 토마토 몇 덩이와 바질잎을 구매했다. 짭짤한 소금, 후추, 담백한 치즈, 올리브오일만 올려도 우아한 토마토 샐러드가 완성된다. 아침에 섭취한다면 건강한 식단이 되고, 저녁에 섭취한다면 호밀빵을 추가해 더없이 훌륭한 와인 안주로 성공적인 변신을 한다. 여름만의 축복이자 특권이다.

두 번째는 지중해와 떼려야 뗄 수 없는 여름 음식의 화룡점정인 올리브다. 올리브나무는 신이 인간에게 준 선물이라 할 만큼 장점이 가득하다. 항산화 효능이 뛰어나며, 심혈관 질환을 예방해 주기도 한다. 스페인처럼 대규모 생산지는 아니지만 8곳에 원산지 보호 명칭을 가지고 있을 만큼 올리브에 진심인 남프랑스다.[130]

올리브의 역사는 갈로 로마 시대로 거슬러 가지만, 남프랑스에 직접적인 영향을 미친 것은 포세앙*Des Phocéens*들이 페르시아의 침략을 피해 도망쳐 마르세유로 들어오면서부터다. 실제로 기원전 1세기 이전 약 10개의 올리브 공장 흔적이 발견되었다고 한다. 중세 수도원에서도 그 기록을 엿볼 수 있고, 세금을 면제받았기 때문에 16~18세기까지 번성하였다. 하지만 우리가 알고 있는 폭풍 같은 서리에 재배지가 감소하였다.

이렇게 살아남은 올리브는 흐르는 황금물 같은 오일로 탄생했다. 재료 본연의 맛을 해치지 않으면서도 한 단계 더 나아간 맛을 선사하기도 하고, 땅의 캐비어라 부르는 타프나드*La tapenade*로 변신하기도 한다. 1880년 마르세유에 있는 라 메종 도레*La Maison Dorée* 레스토랑의 셰프 메니에의 손에서 탄생한 타프나드는 특히 식전주와 곁들이기 안성맞춤이다. 타프나드는 케이퍼를 부르는 타펜*Tapen*에서 파생된 단어로 케이퍼, 마늘, 엔초비, 올리브를 혼합한 페이스트다. 구운 빵에 발라 먹기도 하고, 파이에 활용하기도 한다. 볕이 잘 드는 테라스에서 시원한

로제와인과 함께하면 입안에서 고소함과 짭쪼름함이 퍼지며 식욕이 증진된다. 식도를 여는 열쇠 같다.

한 그루의 나무에서 15~20kg의 올리브가 생산되며 1ℓ의 오일을 얻으려면 4~6kg의 올리브가 필요하다. 품종에 따라 매콤하고 쌉싸름한 맛이 주를 이루기도 하고, 과일향이 느껴지기도 하며, 헤이즐넛향, 사과향, 버터향, 배향 등을 느껴 볼 수도 있다. 이 까다로운 맛을 구별하려면 물로 입을 한참 헹궈야 한다. 모두가 궁금해하는 초록 올리브와 검정 올리브의 차이는 숙성 정도라는 사실!

전통 방식으로 추출할 때는 아직까지도 맷돌을 사용해 고품질의 제품을 만들기도 한다. 한 분야에 종속되어 있는 장인의 품격이란 이런 것이다.

톱니바퀴가 시계에 영속성을 불어넣듯 아기 열매와 엄마 나무의 상관관계와 꿈같은 손길이 느껴졌다. 날씨에 바람에 맞서 싸워 얻은 곡선의 자태를 자꾸 쓰다듬게 되는 이유다. 맛에 혀를 담근다. 뜨겁게 타오르는 리드미컬한 모험이 펼쳐지는 동글동글한 세계로 떠난다.

다음은 검은 다이아몬드, 트러플이라 하는 송로버섯[131]이다. 전 세계 생산량의 30%를 생산해 내는 프랑스는 2만여 명에 달하는 재배자가 있는데, 그중 500여 명이 남프랑스에 존재한다. 송로버섯이 언제 발견되었는지 정확하게 알 수는 없지만, 고대 철학자들은 물, 흙, 땅에 떨어지는 번개에 의해 생성된다고 믿기도 했다.

11월 중순부터 3월까지 반짝 수확되어 호기심을 자극하는 버섯은 중세 시대에는 마녀의 둥근 원이라고 불렸다. 전설에 따르면 마녀들은 밤새 나무 기슭 아래 모여 춤을 추고 이른 아침 사라질 때면 땅에 불을 붙인 듯한 흔적을 남겼는데, 그 흔적을 파헤쳐 보면 송로버섯을 발견할 수 있었다. 성직자들은 저주받은 영혼만큼 검다며 금기시하기도 했다. 프랑수아 1세 때 이르러서야 궁정 식탁에 올랐으며, 루이 14세 때는 사치품으로 여겨졌다. 또한 아비뇽 교황들 사이에서도 인기를 끌었다고 한다.

요정의 마법 지팡이에서 튀어나온 것만 같은 동글동글 매력적인 보석은 후각과 미각에 열정과 상상력을 불러일으킨다. 수요는 늘고 있지만, 생산량은 계속해서 감소하고 있어 세계 3대 진미라고 불리며 많은 이들을 자극하는 게 아닐까.

| 트러플(Les truffes)

| 트러플 치즈(Les fromage à la truffe)

11월 중순부터 3월 초까지 열리는 트러플 시장Marché aux truffes de Richerenches*은 꽁꽁 얼어 있던 마음들을 사르르 녹인다. 전문가용 시장이 먼저 열리고 그다음 차례로 개인 시장이 열린다. 트러플을 잘 다루지 못하는 일반인들을 위한 작은 배려다. 1월 셋째 주 일요일에 열리는 감사의 미사에서는 전통적인 트러플을 제물로 바친다. 웃음기가 가득한 상인들도, 동그란 눈으로 좋은 물건들을 찾는 구매자들도 한데 뒤섞여 축제 분위기다.

생 트러플, 트러플 소시지, 트러플 치즈, 트러플 오일, 트러플 디저트까지 두둑이 무거워지고, 행복의 무게가 늘어나는 순간이다. 가정에서 가장 손쉽게 먹는 방법으로는 파스타 위에 잔뜩 올려 먹거나 달걀을 오믈렛 형태로 변신시켜 함께 먹는 방법이 있다. 올록볼록한 모양새가 정말 정교하게 조각한 검은 보석 같다. 나는 찰기와 윤기가 덜한 이곳 쌀로 밥을 지을 때 밥물 위로 트러플 오일을 두세 방울 첨가하기도 한다. 아주 옅은 향기와 기가 막힌 반짝임을 얻어 낼 수 있기 때문이다. 유럽에 여행을 가거나 거주하고 있다면 한 번쯤 시도해 보아도 괜찮은 방법이다.

얼어붙은 마음에 태양의 입맞춤이 닿아 희망의 바구니를 가득 채운다. 주머니에 넣어둔 향기는 기억이 되어 남겠다.

부야베스는 바다의 산물이다. 바다와 산이 어우러진 프로방스 땅은

* Av. de la Rabasse, 84600 Richerenches

젖과 꿀이 흐르는 신의 선물과도 같다. 해안가를 따라 니스부터 마르세유까지 방대한 푸른빛은 갖가지 생물들이 고요한 표면을 깨트리며 리드미컬하게 움직여댄다. 어부들이 팔리지 않는 생선으로 끓이던 스튜 부야베스_La bouillabaisse_는 마르세유를 상징한다. 부야베스는 과음한 다음 날 속을 달래기에도 아주 제격이다.

'끓이면 가라앉는다'는 뜻의 프로방스어 부야베쏘_Bouiabaisso_에서 따온 단어다. 지중해에서 어획되는 생선으로 맛을 내며 최소 네 종류의 생선을 활용한다. 붉은 숭어, 붕장어, 달고기, 놀래기, 볼락, 아귀 등이 포함된다. 이에 더해 마늘, 샤프란, 샐러리, 회향 등 프로방스 허브들이 조연 역할을 톡톡히 해내면 완성이다. 입에서 포슬한 식감을 내는 감자를 먹다 보면 금세 땀을 빼기 마련이다. 기원전 600년 마르세유의 시작과 어깨를 나란히 한 이 요리는 지역의 짠기가 그대로 느껴진다. 우리나라 음식으로 치자면 해물을 가득 첨가한 매운탕이나 짬뽕쯤 되겠다. 그래서인지 술을 마셔서 속이 쓰리는 비오는 날, 조금 쌀쌀한 바람이 찾아오는 때 문득문득 생각이 난다. 빨간 고춧가루를 첨가한 얼큰 칼칼한 맛은 없지만 어쩐지 걸쭉한 모양새가 비슷하다.

가난한 어부들의 요리로 시작되었지만 지금은 어엿한 지역 대표 요리로 자리매김하였다. 줄곧 찾는 공간은 퐁퐁이네 가게 쉐 퐁퐁_Chez Fonfon_ **이다. 〈스폰지밥〉에 나오는 이름 같아 늘 유쾌하다. 방문하면 뚱이의 모습을 한 사장님이 저 멀리서부터 손을 흔들며 커다란 바닷바람

** 140 Rue du Vallon des Auffes, 13007 Marseille

| 부야베스(La bouillabaisse)

이 잔뜩 섞인 유쾌한 목소리로 안내한다. 전식으로도 본식으로도 즐길
수 있는 부야베스라 기분에 따라 주문할 수 있다는 게 장점이다.

　흐려진 날씨에 괜한 쓸모없는 패배감이 몰려올 때, 따뜻한 안식처
가 생각날 때 황폐해진 마음을 강하게 위로해 준다. 세포 하나하나에
붉은 물결이 코팅되듯 냄새가 뿜어져 나온다. 오늘은 어쩐지 비릿한
부두의 향기조차도 향수 같다. 지저분하게 얼룩져 있던 머릿속을 말끔
하게 씻겨 내려 준다. 부야베스의 유통기한은 영원할 것이다.

　마르세유에 부야베스가 있다면, 니스에는 피살라디에르*La pissaladière* 132)
가 있다. 소금에 절인 으깬 생선 페이스트를 피살라*Pissalat* 라고 일컫는
데, 계피와 정향, 소금, 후추로 간을 하고 올리브오일을 둘러 오래도록

보관할 수 있도록 하였다. 기원전 1세기부터 존재했던 소스와 이탈리아의 제노바의 피자 반죽이 어우러져 15세기부터 이어진 요리법이다. '생선이 올라간 피자'라고 하면 거부감이 드는 게 사실이지만, 여름철 에피타이저로 와인과 곁들이면 쫄깃한 반죽이 술술 넘어간다. 현재는 해양 환경 보전를 위한 어업 규제로 인해 엔초비로 대체하는 경우가 많다. 반죽 위에 프로방스의 검은 올리브와 양파까지 올라가 있어 바다와 땅을 한입에 섭렵하는 기분이다.

통통하게 살이 오른 엔초비와 기름이 입안에서 융합되며 여름에 부족한 짠기를 한껏 보충해 준다. 조금은 충격적일 수도 있지만 턱을 부지런히 움직이면 금세 그 맛에 눈이 떠지며 소개해 준 이에게 빙그레

| 피살라디에르(La pissaladière)

웃음을 짓게 된다. 외국인에게 새우깡을 처음 소개했을 때 놀라워하는 표정을 짓다가 어느새 끄덕거리는 것처럼 말이다. 짭짤한 맛이 차갑게 칠링된 맥주와도 꽤나 잘 어울린다.

아주 오래전 제빵 학교에 다닐 때였다. 창작 크루아상을 만드는 날이었는데, 각자의 아이디어로 보드라운 크루아상 속을 채우는 미션이 있었다. 오븐에 구운 파프리카에 크림치즈를 올리고 절여진 엔초비를 올려 말아 구웠다. 모두의 표정이 조금 갸우뚱해지는 것을 느꼈지만, 셰프와 나는 끄덕끄덕하며 인고의 시간을 기다렸다. 미친 맛의 향연이었다. 종종 그때가 그리워질 때면 이 조합을 즐긴다. 내 감각을 깊게 파고드는 날씨로 머리카락이 종종 목에 달라붙지만, 그마저도 좋다. 자연이 작곡하고 내가 편곡한 항구를 열어 일몰을 초대한다.

미식을 탐하다 보면 빠지지 않고 등장하는 와인 이야기를 하지 않을 수가 없다. 남북으로 250km 가까이 뻗어 있는 론 지역은 프랑스에서 세 번째로 큰 와인 산지다. 중앙 고원*Massif Central*이 알프스*Les Alpes*와 충돌하기도 했으며 화산 활동으로 북쪽에는 화강암이 생성된다. 남쪽에는 하천과 해양 퇴적물, 특히 석회암이 많다. 지브롤터 해협*Le détroit de Gibraltar*의 영향으로 모래, 점토, 화강암, 석회암 4개 유형을 만날 수 있게 되었다. 기원전 4세기 마르세유에서 포도나무가 재배되기 시작한 문헌들은 그 역사가 깊음을 나타낸다.

남쪽으로만 해도 약 22개의 AOC가 등록되어 있다. 교황의 와인 샤또 네프 뒤 파프(Châteauneuf du pape 133), 로제와인의 시작 따벨 Tavel 등 내로라하는 와인이 주를 이룬다. 샤또 네프 뒤 파프는 그 글자 그대로 '교황의 새로운 성'이라는 뜻이다. 앞서 말한 것처럼 아비뇽 유수를 겪으며 지역 와인이 비약적인 발전을 이루게 되는데, 포도 종류를 18종까지 섞어 만들 수 있어 복합미가 아주 뛰어나다. 다양한 품종으로 인해 건축물처럼 짜여진 구조이며 검은 과일, 향신료, 감초 나무, 시간이 지남에 따라 동물 가죽 및 트러플 향을 연상시키는 것이 특징이다. 여름 낮에 시원하게 즐길 수 있는 따벨 로제와인은 크고 얕은 지하수를 기반으로 조립된 와인이 작은 붉은 과일과 감귤류의 향을 제공한다. 기술력으로 빚은, 오래도록 보관이 가능한 로제와인이라니 놀랍지 않은가. 핑크빛 연어색부터 진하고 불투명한 루비색까지 보는 것 자체로 눈이 즐겁다.

한국인에게 가장 유명한 샤또 네프 뒤 파프의 와인은 샤또 하야스 Château Rayas SCEA, 도메인 페고 Domaine du Pegau, 샤또 드 보카스텔 Château de Beaucastel 등이 있지만, 그 외에도 아주 소규모로 농작해 대대로 그 명성을 이어가는 곳들도 다수다. 마을 내부에 모든 부티크에서 시음이 가능해 맛을 다양하게 즐길 수 있다는 것도 장점이다.

하루를 묵어가거나 식사를 한다면 언덕 위에서 넘어가는 해 질 녘을 감상할 수 있는, 중세 시대로의 시간 여행이 가능한 샤또 데 핀 로슈 Hostellerie Château des Fines Roches를 추천한다. 소설가 알퐁스 도데는 이렇게 말했다. "오! 교황의 포도주, 황금 포도주, 왕족, 제국, 교황청의 포도

| 따벨(Tavel)

주, 우리는 높은 곳에서 미스트랄의 시를, 황금 섬의 새로운 조각들을 불렀습니다(Oh! Le vin des papes, le vin doré, royal, impérial, pontifical, nous le buvions là-haut sur la côte, en chantant des vers de Mistral, des fragments nouveaux des Iles d'Or)."

지중해의 영향을 받은 기후로 인해 강우량이 보다 적고 연간 평균 2,700시간의 일조량과 더불어 더위를 식혀 줄 수 있는 바람 미스트랄이 불어오니 축복이다. 한 모금 목을 축이니 연애편지를 읽는 듯한 기분이다. 매혹적이고 매끄러우며 태양의 단맛이 배어들어 있다. 혀를 우아하게 하고, 갈증을 해소해 준다. 천사의 음료인지 악마의 음료인지 헷갈리는 시간이다. 사랑할 수밖에 없는, 뜨겁게 불타오르는 남프랑스의 시계를 잠시 멈춰 잡아 두고 싶다.

오스텔레리 샤또 데 핀 로슈
(Hostellerie Château des Fines Roches)

1901 Rte de Sorgues, 84230 Châteauneuf-du-Pape

Part 5

한계를 뛰어넘어,
꿈이 실현되는 알프스

유럽의 지붕, 알프스

france

'유럽의 지붕'이라는 표현이 딱 들어맞는 알프스는 프랑스, 이탈리아, 스위스를 모두 품고 있다. 하늘을 향해 높이 등반하다 보면 세상의 꼭대기에 다다를 수 있을 것만 같은, 태양과의 눈 맞춤이 가능한 곳이다. 우리를 감싸 안는 흰 눈꽃, 발밑에 두는 보송보송한 구름, 바스락거리는 바람 위에 앉아 끝없이 펼쳐지는 지평선의 공간은 마치 꿈속처럼 빨려 들어갈 것만 같다. 호박색 태양빛이 나뭇가지들을 황금색으로 코팅시킬 때면 천국의 구름 한 조각을 맛보기도 한다. 누구에게나 공평하게 주어지는 세상의 걸작 예술 전시인 셈이다. 봄, 여름, 가을, 겨울 사계절 산이 주는 사랑은 다양하다. 한 번 빠지면 헤어 나올 수 없는 몽환적인 매력으로 가득해 배낭을 멘 세계인들을 만날 수 있고, 산 이야기로 대동단결되기도 한다.

프랑스의 알프스산맥은 9개 도에 걸쳐져 있는데, 우리에게 가장 익숙한 이름은 사보아*Savoie*다. 11세기부터 사보아 가문이 획득한 영토로 백작과 그 후손들은 결혼과 전쟁 등을 통해 지역을 확장해 나갔다. 아메데 8세 초대 공작을 필두로 1416년 사보아 공국이 형성되었다. 사보아는 1860년까지 그 명맥을 이어 가다가 프랑스의 지원으로 이탈리아 통일을 선언하면서 나폴레옹 3세에 의해 프랑스에 합병된다. 과거로부터 자양분을 얻어 성장하고 인간으로 인해 영속되고 있는 겨울이 가장 아름다운 도시, 〈겨울왕국〉의 엘사와 올라프가 반겨 줄 것만 같은 신비의 세계로 이동해 본다.

크리스털 장인의 땅 샤모니 몽블랑

france

　해발 4,810m에 위치한 몽블랑*Le Mont Blanc* 134)은 알프스 프랑스 산맥
에서 가장 높은 지점을 선점하고 있다. 봉우리마다 붙어 있는 이름을
보면 저주받은 산*Le Mont Maudit*, 악마의 바늘*Les Aiguilles du Diable*, 거인의 이
빨*La Dent du Géant* 등으로 그 높이에 걸맞다. 만화 같은 이름들이라 실소
가 터져 나오지만 자세히 들여다보면 자연은 신의 영역이라는 말이 맞
다. 사고 사례가 심심치 않게 들려오며, 겨울에는 기상 이변으로 산행
을 금지시키는 경우도 빈번하다.

인간은 끊임없이 탐구하기를 좋아하고 호기심과 욕망으로 가득하다. 따라서 미지의 세계로 내딛는 산악인들의 용기는 계속된다. 1786년 8월 8일 등산의 아버지라 불리는 자크 발마와 미셸 파카르의 첫 몽블랑 정복 이후 샤모니 마을 중앙에 있는 그들의 청동 조각상 앞에 삼삼오오 모여 커다란 배낭과 아이젠을 챙겨 떠나는 사람들을 보면, 산에 대한 사랑에 눈이 먼 것만 같다. 1901년 철도가 들어오면서 접근이 쉬워져 꼭 등산이 아니더라도 몽블랑 정상으로 향하는 방법이 다양해져서 여행객들의 이목을 집중시켰다. 케이블카를 타고 단 20분이면 약 3,842m의 에귀뒤미디Aiguille du Midi에 도착할 수 있다. 유리 바닥을 통해 저 빙하 아래를 내려다볼 수 있는 경험은 심장을 뛰게 만든다. 몽탕베르 열차Train de Montenvers를 타고 길이 7km, 두께 200m의 얼음 바다La Mer de Glace 빙하를 둘러볼 수도 있다.

샤모니는 정적인 사람들도 즐길 거리가 많다. 2,500만 년 된 보물을 가지고 있는 크리스털 박물관Musee des Cristaux이 있기 때문이다. 이곳에서는 1,800점 이상의 경이로운 작품들을 만날 수 있다. 아프리카와 유럽판의 움직임에 의해 생성된 압력으로 물이 침투한 암석에 구멍을 형성했으며, 강한 압력과 고온으로 인해 용해되고, 온도와 압력이 떨어지면서 물이 결정화되어 빛나는 보석들이 만들어진 것이라고 한다. 1800년대부터는 샤모니에 관광객들이 유입되면서 크리스털 상점이 문을 열어 발걸음을 사로잡기도 했다. 1960년대와 1970년대에도 수정 찾기를 하는 가이드들과 산악인들이 있었다고 하니, 혹시 지금도 보석을 알아보는 이가 있다면 운이 좋게 아주 작은 참깨만 한 광석을 찾아낼 수 있지 않을까.

1924년 동계 올림픽이 개최되었던 도시인 만큼 조금 더 활동적인 사람이라면 겨울 스포츠를 즐긴다든가 락 블랑*Lac Blanc*을 트래킹 코스로 거닐어 볼 수 있다. 당장이라도 〈겨울왕국〉 엘사 공주의 성에 초대받은 느낌이 들 것이다. 프랑스는 국토의 약 20%가 산맥으로 덮여 있어 유럽에서 가장 길고 큰 스키장을 제공할 수 있다는 자부심이 있다. 따라서 산맥을 탐방하기에 아주 제격이다.

프랑스 아이들은 일반적으로 5~6세가 되면 저마다 스포츠 활동을 시작한다. 프랑스인들은 스포츠를 규칙을 지키고 틀을 받아들이며 그룹화와 사회화가 시작되는 과정으로, 에너지 소비는 물론이고 오감을 자극하는 중요한 활동이라 여긴다. 신체 활동이 자신감과 자존감, 그리고 삶의 질과 행복에 미치는 영향이 크다고 생각하기 때문에 유아기부터 노년기까지 건강한 운동 리듬을 운용하는 것이 보편적이다. 겁이 많기도 하고 시간을 핑계로 스포츠를 멀리했지만 프랑스 생활에서 운동은 삶과 떼려야 뗄 수 없다는 것을 깨닫고 나 또한 조금은 활동적으로 변하는 중이다. 스스로를 컨트롤하고 조각해 나가는 일이 얼마나 멋진지 배워 가는 단계다.

너무나도 깨끗하고 순결해 아찔하기까지 한 겨울의 빛 사이, 벅찬 웃음소리와 가쁜 호흡 소리가 뒤섞여 들려온다.

2024년, 100년 만에 파리 올림픽이 돌아온다는 소식이 겹쳐 떠오른다. 1900년과 1924년 이후 세 번째로 준비하는 프랑스의 진심 어린 스포츠 사랑이 어떤 결실을 맺을지 궁금하다. 벌써부터 파리 시청에서는 세계에서 가장 큰 행사를 무리 없이 소화해 내기 위해 교통 정체를 어떻게 해소할지, 주차 대란과 혼란을 최소화하기 위한 각종 대처 방안을 내놓고 있다. 올림픽 역사상 처음으로 관객들이 함께 호흡하며 참여하는 마라톤과 무료로 관람할 수 있는 행사들이 많이 개최될 예정이다. 성공적으로 무탈하게 마무리되기를 바란다.

여행은 언제나 즐겁지만, 계속되는 일정과 추위에 쉬어 가는 시간도 필요하다. 마사지나 스파를 빼놓을 수 없는 이유다. 자연경관을 바라보며 따끈한 물에 몸을 녹이고, 버블이 가득한 샴페인을 한 잔하면 행복하다는 말이 절로 나온다. 이탈리아를 시작으로 지점을 넓히고 있는 큐쎄템QC therme 을 이용하거나, 스파를 겸비하고 있는 알리오픽 Heliopic Hotel&Spa 를 이용하는 것도 좋다.

마무리로 화룡점정을 찍는 방법은 몽블랑에서 몽블랑을 먹고, 몽블랑을 마시는 것이다. 알자스Alsace 지방에서는 밤나무 횃불La torche aux marrons 이라고 불리기도 하고, 이탈리아에서는 몬토 블랑코Monto Blanco 라 불리는 밤 페이스트, 머랭, 휘핑크림으로 가득 채워진 이 작은 디저트는 눈 덮인 몽블랑의 미니미 버전이다. 이탈리아와 프랑스에서는 15세기부터 먹기 시작했는데, 한입 베어 물면 온몸에 찌르르 달콤함의 전율이 흐른다. 향기는 코를 가득 채우고, 맛의 소용돌이로 빨려 들어갈 때쯤, 몽믈랑의 엉샤뿔루즈Enchapleuze 를 수원지로 한 차가운 몽블랑 맥주를 한 모금 들이켜 환상에 환상을 더한다. 19세기부터 이어져 온 몽블랑 양조장Brasserie du Mont-Blanc 의 맥주는 여름이 아닌 겨울에 더 잘 어울리는 묵직함을 가지고 있다.

심장 소리가 쿵쿵 귓가에 울린다. 입안에서 터지는 감촉들과 질감들이 어우러지는 축제다. 창밖으로 보이는 눈 이불이 포근함을 더해 준다. 이대로 눈을 감아 잠들고 싶은 밤이다.

알프스산맥의 심장부 에비앙 레 뱅

france

에비앙 레 뱅(Évian-les-Bains)

Évian-les-Bains 74500

　　우리나라의 물은 맛이 부드러운 연수로 대부분 이루어져 있고, 프
랑스의 물은 미네랄이 녹아 있는 경수가 많다. 유럽 생활 중 시간이 지
나도 익숙해지지 않는 것 중 하나는 바로 물이다. 설거지 후에 유리잔
에 남아 있는 하얀 얼룩, 차 주전자 바닥에도 물을 끓인 냄비 안에도
온통 흰색 가루 세상이다. 주기적으로 세탁기, 커피포트, 식기 세척기
등 물을 사용하는 전자 제품에는 석회 제거제를 넣어 청소해 주어야
잔고장이 나지 않는다. 여행, 출장 중에는 뻣뻣해지는 머리카락과 건

조해지는 몸 때문에 샤워기 필터를 필수로 챙긴다는 이들도 적지 않다. 가드닝을 하는 사람들은 빗물을 모아 식물의 목을 축여 주는 것이 일상이다.

어쩌면 물 때문에 탈모 예방을 위한 헤어 제품이 더 발전한 걸지도 모르겠다. 탈모는 호르몬이나 유전, 과도한 햇빛 노출, 스트레스 등이 이유라고는 하지만, 비가 올 때 우산을 쓰지 않는 습관이나 물 때문도 아닐까 하는 의구심도 든다.

체내의 수분이 70%로 이루어져 있으니 물과 사람은 긴밀한 관계다. 물이 말썽이면 몸도 마음도 성할 수가 없다. 물론 식수 상태를 국가적인 차원에서 모니터링하며 품질 관리를 한다고 하지만, 프랑스인들의 3분의 1은 생수를 사 마시는 것이 더 안전하다고 말한다. '물 = 에비앙'이라는 공식이 있을 만큼 말이다. 실제로 에비앙은 프랑스 물 점유율 98%을 가지고 있으며 프랑스 물 브랜드 크리스탈린*Cristaline* 다음으로 2위의 순위를 달리고 있다.

에비앙 물의 시작은 이렇다. 1789년 에비앙 레 뱅*Évian-les-Bains*의 레세트 후작은 산책 중 카샤 씨의 생트 카트린 분수*l'eau de la fontaine Sainte Catherine*의 샘물로 종종 갈증을 해소했다. 후작은 샘물을 두고 입안에서 매우 가볍고 부드러운 질감을 가졌다 칭찬했으며, 신장과 간 질환이 크게 개선되었다고 이야기했다. 이 기적의 물은 의사들에 의해 처방되기 시작했으며, 카샤 씨는 이 기회를 놓치지 않고 물을 판매했다. 아직도 군대에서는 해열 진통제인 돌리프란*Doliprane*과 에비앙을 많이 마시라는 처방을 내려 주기도 하고, 배탈이 나 병원을 찾은 어린아이에게는 에비앙을 먹이라는 조언을 많이 한다. 1950년대에는 끓이지 않고 먹여도 되는 안전하고 편리한 아기용 물로 탄탄대로를 걸었으며 1978년부터는 수출로 거대한 물 시장을 점령하기 시작했다.[135]

방문한 수원은 그저 작은 동네 약수터 같았다. 동네 사람들이 간간이 물병을 들고 들렀으며, 작은 새소리와 바람 소리만이 들려왔다. 에비앙은 휴식이었다.

작은 물방울이 모아 큰 바다가 만들어진다는 것처럼 에비앙은 물을 시작으로 리조트 사업까지 손을 뻗쳤다. 스파, 카지노, 호텔, 골프, 케이블카까지 에비앙 레 뱅은 곧 에비앙 그 자체였다.

골프 이야기를 하지 않고 넘어가면 섭섭하다. 1994년 국제 토너먼트인 에비앙 마스터스*Evian Masters*로 시작되어 2013년에는 LPGA 투어 공식 대회가 되었으며 미국 여자 프로 골프*LPGA* 투어와 유럽 여자 프로 골프*LET, Ladies European Tour*가 공동 주관하는 메이저 대회가 되었다.

에비앙 골프장
(Evian Resort Golf Club)

Rte du Golf, 74500 Évian-les-Bains

2021년에는 아문디가 스폰서로 참여함에 따라 아문디 에비앙 챔피언십 *The Amundi Evian Championship* 이라는 이름으로 변경되었다.[136) 신지애, 김효주, 전인지, 고진영 선수의 빛나는 우승 이력 덕분에 현재는 한국인들의 골프 성지 순례가 이어지고 있다.

하얗고 작은 공의 마법은 14세기 초 영국과 네덜란드에서 캠벅 *Cambuc*, 콜프 *Kolf* 라는 이름으로 시작되었다. 프랑스의 첫 골프장은 1856년 포 *Pau* 지역에 설립됐다. 우중충한 스코틀랜드를 탈출해 따뜻한 남쪽 나라를 찾은 것은 어쩌면 당연한 일인지도 모르겠다.

잔잔한 레만 호수 위로 태양이 떨어지는 모습을 바라보며 한 홀씩 돌면 골프공이 악기가 되어 멋진 화음을 낸다. 날씨가 궂은 날도 안개 속에서 우아함을 잃지 않는다. 지금 적어 내려가는 문장들을 다시 열어 볼 때쯤에는 꿈과 현실 사이에서 신비한 시간 속 영원히 기거하는 기억의 무리가 파도처럼 펼쳐지겠지. 부드러운 바람이 섬세하게 내 입술에 작별 인사를 외친다.

오감이 깨어나는 제네바 호수의 파수꾼
이브아르

france

이브아르(Yvoire)

Yvoire 74140

하늘의 빛깔이 오묘하다. 겹겹이 물감을 쌓아 색을 표현한다 해도 매일 다르게 변화하는 하늘의 색을 담아낼 수는 없겠다. 북쪽 마을 이 브아르는 꽃향기가 가득한 중세 마을이다. 꽃과 식물, 자연이 더없이 아름다워 보이면 서서히 나이를 먹어 간다는 증거라고들 한다. 온전히 나 자신에게만 집중하던 시기가 지나고 인생의 연차가 쌓이며 주위의 소중함과 아름다움에도 눈을 돌릴 수 있는 여유가 생긴 것이 아닐까 싶다. 한국에서도 코로나 이후로 의도치 않게 집 안에서 많은 시간을 보내게 되면서 반려 식물 키우기의 유행이 번졌던 일을 기억한다. 가드닝 여행으로 영국과 프랑스를 돌아보는 프로그램까지 생겨난 것을 보면 꽃을 가꾸는 일은 마음을 가꾸는 일과 같다고 여기는 사람들이 늘어났다는 것이 아닌가 싶다.

중세 마을 이브아르는 마을 입구부터 생동감이 가득하다. 이끼가 잠식하고 있던 오래된 돌들에 생기 가득한 다채로운 꽃들이 더해져 칙칙함은 사라지고 화사함이 가득하다. 이곳은 꽃송이 4개를 받은 꽃 마을이다. 전국 꽃마을 협의회 Villes et Villages Fleuris 는 지방 자치 단체로 자연환경 보호와 도시와 마을의 생활 환경 개선에 기여하기 위해 1959년 만들어졌으며, 꽃을 한 송이 받은 마을부터 네 송이를 수여받은 마을까지 환경에 따라 다양하게 나뉜다.[137]

환경을 존중하며 주민들의 복지와 방문객의 환영을 위해 지역을 홍보하는 귀여운 단체에서 꽃 네 송이를 당당히 차지한 이브아르를 산책한다. 꽃을 아주 좋아한다면 오감 정원 Labyrinthe - Jardin des Cinq Sens 을 방문해 볼 수도 있다. 1,300종 이상의 식물들을 만나 교감할 수 있으니 비옥한 땅이 빚어낸 무한한 아름다움을 만날 수 있는 기회다. 1300년경 아메데 5세 사보이 백작의 명령으로 건설된 요새화된 문을 지나 걷다 보면, 이브아르 성 Le château d'Yvoire 이 보인다. 사유지라 들어가 볼 수 없어 그 궁금증이 배가 되는 곳이다.

스위스 니옹 Nyon 에서 들어오는 커다란 여객선의 뱃고동 소리가 들린다. 버스를 타듯 배에 올라타 20분이면 국경을 넘나들 수 있다는 것도 마을의 장점이다. 로만 호수의 순간순간에 매료되어 한 걸음을 내

딛기가 힘들다. 하늘을 올려다보는데 신기한 지붕 하나가 눈에 띈다. 생 판크라스 교회*Église Saint-Pancrace*다. 19세기 말 사보이 왕조의 종교 건축물을 특징을 가지고 있는 양파 종탑*Clocher à bulbe*이라 한다. 듣고 보니 곡선형 돔이 정말 양파 같다. 앞으로는 장을 볼 때마다 양파를 보면 이곳이 떠오를 것만 같다. 종탑 꼭대기는 금박으로 덮여 있는데, 이브아르에서 몇 킬로미터 떨어진 엑센느벡스*Excenevex*에 거주하던 프랑스의 마지막 광부 중 1명이 가져온 금으로 장식한 것이라고 한다.

봄을 닮은 꽃 같은 산책이 끝났다. 새싹이 피어나고, 튤립이 기지개를 피는 계절, 새로운 생명이 깨어날 때는 얼마나 더 아름다울까. 자연의 야성미에 매료되면 빠져나올 길이 없다.

기약 없는 다음 방문을 그리는 것이 아쉬워 문을 연 찻집에서 따끈한 뱅쇼*Vin chaud*를 주문했다. 와인에 각종 향신료*정향, 계피, 대추 등*를 넣고 푹 끓인 프랑스식 쌍화탕이다. 몸을 녹이고 겨울을 만끽하기에는 이만한 음료가 없다. 1세기 로마인들을 필두로 퍼져 나가 이제는 크리스마스가 돌아오는 계절에는 어디서나 즐길 수 있는 겨울 맛 와인이다.[138] 고대 의학에서는 우리 몸의 건강이 추위, 더위, 건조함, 습함의 균형에 달려 있다고 했다. 균형을 맞추기 위해 차가운 성질의 배에 따스한 성질의 와인을 넣고 졸인다든가 하는 민간요법이 겨울이 되면 성행하는 것은 동서양을 막론하고 모두가 같다.

뜨끈한 어묵탕은 없지만, 아쉬움을 달래고 대체할 수 있는 무언가를 찾아내서 다행이다. 몸을 녹이고 노곤해진 몸으로 딸랑 종소리가 나는 문을 열었다. 알프스의 문지기 이브아르를 떠나는 소리였다.

| 뱅쇼(Vin chaud)

노랫소리가 들려오는 동화 같은 마을
안시

france

안시*Annecy*는 청록색 호수와 구시가지를 관통하는 운하와 흰 이불을 덮고 있는 산맥 덕분에 알프스의 진주, 알프스의 베니스, 알프스의 로마 등 많은 별명을 가지고 있다. 인구 13만 명이 넘는 대도시로 관광 도시지만, 문화와 생활 측면에서도 이점이 가득해 살기 좋은 도시 순위에 정기적으로 이름이 거론된다. 2024년 1월 발표된 순위에서도 상위권을 유지하고 있어 그 인기가 지속되고 있음을 증명했다.

이곳은 기원전 3100년부터 사람이 거주했다고 한다. 로마 도시로 명맥을 유지했지만, 야만인들의 침입으로 점차 로마 시대는 막을 내리고 주민들은 동굴에 숨어 지내며 삶을 연명했다. 7세기 경이 되어서야 도시 활동이 재개될 수 있었으나 그마저도 전쟁으로 피폐해져 갔다. 14세기 제네바의 수도가 된 안시의 마지막 백작은 아비뇽에 거주하던 대립교황 클레멘스 7세였는데, 그의 사망으로 이곳은 사보이 백작에게 넘겨진다. 프랑스 혁명을 통과하고, 1815년에는 사르디니아와 이탈리아를 거쳐 1860년이 되어서야 프랑스령이 된다.

클레멘스 7세의 탄생을 함께했던 안시 성은 중세 후기부터 존재해 왔으며, 정확한 기원은 알려진 바가 없다. 성은 여러 번 주인이 바뀌었고 화재로 일부는 소실되었으며, 현재는 박물관과 전시관으로 그 명맥을 이어 가고 있다. '안시' 하면 딱 떠오르는 이미지를 만나고 싶다면 건물 팔레 드 릴*Palais de l'Isle*을 찾으면 된다. 작은 바위 섬 위에 지어진 감옥이다. 중세 후기부터 존재했던 섬의 궁전은 처음에는 단순히 통행료 징수소로 사용되었고 법원, 막사, 토지등기부, 창고 등을 거쳐 감옥이 되었다.139)

안시의 상징적인 장소는 바로 호수다. 1만 5천 년 전 빙하가 녹아 산으로 빙 둘러싸인 분지가 안시 호수다. 7개의 강이 흘러 들어와 흐르는 만큼 다양한 수생 식물과 동물들이 활동한다. 그저 걷는 것만으로도 들숨과 날숨에 자연을 먹고 마시는 것이다. 안시 호수를 한 바퀴 돌아보려면 약 40km 정도를 걸어야 한다. 달리기를 하는 사람, 사이클을 즐기는 사람, 천천히 그 주변을 산책하는 사람들로 인산인해를 이루지만 묘하게 평화롭고 안정적이다. 잔잔한 물결이 사람들의 미소를 비추고, 고요한 호수가 반짝이고 부서지며 빛을 만들어 낸다. 하늘의 품에 안긴 것인지 물의 품에 안긴 것인지 알쏭달쏭한 풍경이다. 은빛 안개를 헤치고, 120년 동안 이어져 온 오베르주 뒤 페흐비즈*Auberge du Père Bise*에서 휴식을 취하기로 했다.

프랑스에서 호텔을 선택할 때는 흘레 에 샤또*Relais&Châteaux*를 참고하는 편이다. 1954년 창설된 호텔, 레스토랑 협회로 파리와 니스 사이 7번 국도에 위치한 8개의 호텔을 시작으로 "행복으로 가는 길(la Route du Bonheur)"이라는 슬로건을 내세워 활동을 시작해 현재는 5대륙 65개국의 회원들이 있다. 미슐랭 별을 도합 340개 가지고 있으니 실로 대단하다.[140]

안시를 고요하게 즐길 수 있는 오베르주 뒤 페흐비즈는 1903년에 문을 열어 1931년에 미슐랭에서 첫 번째 별을, 1933년 두 번째 별을 받았고, 1951년 세 번째 별을 받는다. 세 번째 별을 받을 때가 여성 셰프 중 세 번째로 별을 받은 셰프였다는 사실이 놀랍다. 4대에 걸쳐 여성 셰프들이 지휘했던 이곳을 2017년부터는 마갈리와 장 슐피가 그 역사를 이어서 써 내려가고 있다.[141] 윈스턴 처칠, 엘리자베스 여왕, 화가 폴 세잔도 거쳐 간 이곳에서 평화로운 시간을 누려 본다. 세잔의 그림을 한 장 인쇄해 창문 옆에 걸어 두어야겠다. 언제든 그림을 볼 때마다 이곳으로 도망쳐 올 수 있게 말이다.

1860년 8월 29일 사보아가 프랑스에 합병된 후, 나폴레옹 3세와 유제니 황후가 안시를 방문했을 때 거행된 호수 축제*Fête du Lac*가 매년 8월 특별하게 열린다고도 한다. 잠들어 있는 저 물결이 어떤 호화로운 광경으로 변모할지 상상력을 발휘해 보는 일도 꽤 즐거웠다.

현실 속에서 살아 있는 환상을 경험하는 일은 마법처럼 선명하게 뇌리에 남는다. 밝고 맑은 하늘에 황금빛이 드리운다. 햇살이 산봉우리의 얼어붙은 하얀 망토를 녹일 만큼의 뜨거운 러브레터 같다. 마음의 눈송이가 춤을 추듯 사라지고, 무지갯빛으로 가득 채워진다. 희망이라 이름 붙이는 것이 좋겠다.

오베르주 뒤 페흐비즈(Auberge du Père Bise)

303 Rte du Port, 74290 Talloires-Montmin

사보아 지역의 치즈들

치즈 농장, 걕 르 발 몽블랑
(GAEC Le Val Mont-Blanc)

46 Rte de l'Épine, 74920 Combloux

"치즈가 없는 식사는 프랑스인에게 햇빛이 없는 날과 같다(Un repas sans fromage est comme une journée sans soleil pour les Français)." 는 말이 있을 정도로 1인당 연간 약 26kg의 치즈를 소비하는 프랑스는 그리스에 뒤이어 치즈를 가장 많이 소비, 생산 및 수출하는 국가 중 하나다. 프랑스인 하면 떠오르는 이미지가 베레모, 와인, 바게트, 치즈인 만큼 나이와 성별에 상관없이 96%가 정기적으로 치즈를 섭취하며, 치즈 구입을 위해 식비 예산의 7%를 지출한다. 젖소, 양, 염소, 물소 등

포유류의 젖으로 만든 치즈는 우리 시대보다 7,000년 전에 처음 등장했다. 박테리아와 레닛의 작용으로 액체 상태에서 고체 상태로 바뀌어 맛있는 치즈가 탄생했고 식탁에 오르게 되었다. 중세 시대 때 우유를 더 빨리 응결시키는 수단으로 레닛을 사용한다는 사실이 발견되면서 치즈 제조가 크게 발전했다. 또한 여러 지역 수도원의 수도사들이 다양한 숙성 기술과 조리법을 발명하는데 이는 자연과 환경에 적응하는 인간의 능력을 보여 준다. 루이 파스퇴르가 1865년 저온 살균법을 발명하면서 와인뿐만 아니라 치즈에도 많은 영향을 끼치게 되었고, 식품 안정성이 확립되었다.

사보아 지역의 치즈는 특별하게도 가공 전 젖산균을 줄이기 위해 어떠한 처리도 거치지 않은 생우유로 만들어진다. 11세기부터 15세기 대규모의 개간 덕분에 고지대 목초지의 특이성을 활용할 수 있었다. 지역의 90%, 310,000ha를 차지하는 풀밭 중 220,000ha의 초원에서 소와 염소들이 험난한 지형과 특정 기후에서 자라는 특별한 식물들을 자연적으로 섭취한다. 이 덕에 좋은 우유를 생산하고, 과일향과 꽃향기, 건초향 등이 담긴 신선하면서도 신비로운 치즈의 세계가 열린다. 8개의 대표 치즈 품종이 그 자리를 굳건하게 지키고 있는데 원산지보호명칭제도 AOP 치즈가 5개, 보호지역표시 IGP* 치즈가 3개다.

농부들이 13세기부터 만들어 낸 헤이즐넛과 땅콩향의 르블로숑*AOP*

---

* Indication géographique protégée, 품질, 평판 또는 기타 특성이 지리적
  출처와 연결된 미가공 또는 가공 농산물을 식별한 제품.

Reblochon, 유일한 사보아의 염소 치즈 슈브로탱*AOP Chevrotin*, 화폐로 사용될 만큼 그 가치가 인정되었던 아봉덩스*AOP Abondance*, 노새의 등에 매달기 쉽게 오목하게 만든 노란빛의 보포르*AOP Beaufort*, 산목초지에서 만든 치즈라는 지방어인 Toma에서 따온 톰 데 보쥬*AOP Tome des Bauges*, 꽃핀 모양의 껍질을 가진 톰 드 사보아*IGP Tomme de Savoie*, 귀여운 체리만 한 구멍이 뚫려 있는 에멍탈*IGP Emmental de Savoie*, 농부들이 소를 방목할 때 장작불 앞에서 녹여 먹었던 라클렛*IGP Raclette de Savoie*까지 군침이 절로 나온다.142)

약속 시간만 지킨다면 어느 농가를 방문해도 착유하는 모습을 볼 수가 있는데, 젝 르 발 몽블랑*GAEC Le Val Mont-Blanc* 목장에서 만난 가장 귀여운 소 쥬페트는 사랑이었다.

| 르블로숑(AOP Reblochon)

쥬페트가 선물해 준 우유, 아이스크림, 치즈 등 각종 유제품을 한 아름 안고 돌아와 라클렛을 녹여 먹었다. 라클렛의 시작은 중세 시대로 거슬러 올라간다. 양치기들이 꽁꽁 언 몸을 녹이기 위해 불을 피우고 커다란 치즈를 난로 가까이 놔두자 치즈 바퀴가 녹아내리기 시작했고, 이를 강제로 칼로 긁어내기를 반복하면서 탄생한다. 산에서 계곡으로 또 농민의 식탁으로 내려온 이 맛있는 녀석을 감자, 샤퀴테리, 채소 등과 함께 돌돌 말아 입안에 쏘옥 넣으면 따뜻하고 짭조름한 풍미가 가득 퍼진다.

퐁듀_La fondue_도 마찬가지다. 레시피의 유래는 밝혀진 것이 없지만, 고대 시절부터 존재했다고 본다. 그리스 시인 호메로스는 〈일리아드〉에서 녹인 염소 치즈에 포도주, 밀가루를 섞어 만든 요리를 묘사한다. 프랑스에서는 1651년 요리사 프랑수아즈 피에르 드 라 바렌느에 의해 요리법을 확인할 수 있었다.

추위를 잊게 만드는 부드러운 끈적임과 섬세함이 자석 같은 끌어당김으로 멈출 수 없게 만든다. 하늘 위에서 베어 문 고소함은 구름과 어둠을 뚫고 달 위의 산책을 즐기도록 한다. 말랑말랑한 밤이다.

| 퐁뒤(La fondue)

| 라클렛(IGP Raclette de Savoie)

내가 사랑한 프랑스

집으로 가져갈 목록에 따스한 햇살 한 조각, 빙하 물을 머금은 자갈, 신선한 공기, 작은 나뭇잎을 추가했다. 좋아하는 노래의 재생 버튼을 누르는 것처럼 기억의 테이프를 되감아 본다. 바다의 포효가 들리고 별빛이 노래한다.

마지막 문장을 작성하려니 키보드 자판을 두드리는 일을 자꾸 미루게 된다. 괜스레 아쉬운 마음이 들어서일 것이다. 누구나처럼 다람쥐 쳇바퀴 돌아가는 매일을 열심히 살면서 기억을 되짚기도 했고, 새로운 여행지로 발걸음을 돌리기도 했다. 시간 여행의 조각 모음집을 계기로 나는 어떤 프랑스를 사랑하는지, 어떤 매력에 빠졌는지 깊이 생각할 수 있었다. 또 다른 모습의 이곳을 구석구석 더 돌아보기로 결심했다.

무엇이 그토록 오감을 자극했을까. 책장을 넘기는 모든 이들이 라벤더 밭에 발을 디디면 여름의 소리를 듣고, 울창한 포도밭의 시원한 바람과 새콤한 향기를 느끼고, 심장 박동 소리를 들으며 모든 풍경을 그렸으면 하는 마음을 담았다. 글을 쓰는 내내 마음은 평화로웠고, 내면의 향기가 진동했다. 모두의 하루는 각자의 길을 따라 끊임없이 여행하는 시간을 담고 있다. 느리게 흘러가는 것 같은 일상에서 아파트 창문에 갇혀 있을 때도 조용하고 깜박이는 달빛은 늘 우리를 환하게 비추고 있었다.

따뜻한 날 달콤한 태양 아래 싹이 트는 것처럼, 일상이 희미하고 지루해진 누군가에게 이 글이 꽃씨가 되어 흙을 만들고 뿌리를 내릴 여행의 싹이 되었으면 좋겠다.

같은 땅을 공유해도 꽃잎의 색깔이 제각각 다르고, 수천 가지의 독특한 향기를 만들어 낸다. 여러분의 여행은 어떤 옷을 입고 새로운 차원의 문을 열지 궁금하다. 달콤하고 끈적한 꽃가루들이 바람과 함께 블루스를 추는 모습이 파노라마처럼 스쳐 지나간다. 꽃송이가 시들지 않게 태양을 벗 삼고, 물을 주고 다정히 어루만지는 사랑스러운 모습도 떠오른다. 봄이 오고 태양이 인사하며 밤이 온다. 불빛이 반짝이는 모든 이들의 24시간을 축복하고 응원한다.

참고문헌

1) Maurice Aymard, Claude Grignon, Françoise Sabban, 《Le temps de manger》, Édition de la maison des sciences de l'homme, 1993, p. 197-226

2) https://www.le-train-bleu.com/fr/

3) https://www.paris.fr/pages/l-ile-de-la-cite-deux-mille-ans-de-petites-et-grandes-histoires-8216

4) https://passerelles.essentiels.bnf.fr/fr/chronologie/construction/5528aa47-6ab5-48d1-92fb-46ca5144731b-cathedrale-notre-dame-paris/article/18a9dbc6-8550-4f06-8df8-3c39206e3a9a-un-ferronnier-diabolique

5) Marion Marten-Pérolin, "XAVIER NIEL S'OFFRE L'HÔTEL PARTICULIER LE PLUS CHER DE PARIS POUR 200 MILLIONS D'EUROS", 〈BFM TV〉, 22/02/2022

6) https://www.patisserietourbillon.com/

7) 츠지제과전문학교 가와키타 스에카즈, 《프로 파티시에를 위한 프랑스 과자》, 비엔씨월드 출판부, 비엔씨월드, 2013, p.12~p.17

8) Le Figaro santé, Valérie Binet, "Intolérance au gluten", 〈Le Figaro〉, 07/02/2020

9) https://www.jacquesherbin.com/histoire/

10) https://www.59rivoli.org/accueil/

11) https://www.pinaultcollection.com/fr/boursedecommerce

12) https://www.dfs.com/fr/samaritaine/mobile/about-store/samaritaine

13) https://vintagebyugcb.com/fr/2020/09/21/quelle-est-lorigine-du-nom-du-vin-cheval-blanc/

14) Laetitia Moller, "Maxime Frédéric, pâtissier d'exception", 〈Le Monde〉, 04/03/2023

15) 츠지제과전문학교 가와키타 스에카즈, 《프로 파티시에를 위한 프랑스 과자》, 비엔씨월드 출판부, 비엔씨월드, 2013, p.132~ p142

16) https://parisjetaime.com/culture/coulee-verte-rene-dumont-p977

17) https://www.maisonducafe.com/cafes/histoire/

18) https://www.hotellerie-restauration.ac-versailles.fr/documents/cafeologie/histoire/p3.htm

19) https://www.chateauversailles.fr/sites/default/files/presse/documents/livretvoyagedesplantes_2008.pdf

20) https://www.carnavalet.paris.fr/le-musee/lhistoire

21) https://fr.m.wikisource.org/wiki/Lettre_255_,_1672_(S%C3%A9vign%C3%A9)

22) https://www.museecognacqjay.paris.fr/

23) LAURA COLL, "Il était une fois Carette, les salons de thé parisiens historiques!", 〈Paris Secret〉, 25/07/2022

24) https://www.parismarais.com/fr/decouvrez-le-marais/les-quartiers-du-marais/place-des-vosges.html

25) https://www.tourisme93.com/document.php?pagendx=1007

26) https://www.latresorerie.fr/fr/

27) https://philippeconticini.fr/

28) https://www.lemaraismood.fr/marche-des-enfants-rouges/

29) Dominique Bonnet, "Quand la reine Catherine de Médicis parfumait la Cour de France", 〈Paris Match(주간 뉴스 잡지)〉, 15/02/2020

30) https://buly1803.com/pages/history

31) https://www.perrotin.com/fr

32) https://musee-moreau.fr/fr

33) https://parisjetaime.com/article/south-pigalle-le-plus-canaille-a582

34) https://museevieromantique.paris.fr/fr

35) https://www.rosebakery.fr/

36) Manon Derdevet, "Pourquoi les boulangers sont-ils aussi durement touchés par la crise de l'énergie?", 〈Radio France〉, 03/01/2023

37) https://www.economie.gouv.fr/cedef/evolution-prix-consommation

38) https://museedemontmartre.fr/

39) https://www.hallesaintpierre.org

40) http://passagesetgaleries.fr/histoire-des-passages/

41) https://vivreparis.fr/10-des-plus-anciens-commerces-de-paris-2-2/

42) https://www.galeriedior.com/histoire

43) Marion Tours, "Le Plaza Athénée, c'est palace!", 〈Le Point〉, 01/05/2023

44) https://www.dorchestercollection.com/paris/hotel-plaza-athenee?gad_source=1&gclid=C-j0KCQjwir2xBhC_ARIsAMTXk845BUdSr-fxmJcUlggxZ5Z5jadD9Qe-Z3rWeR_ITiy-sI0IBHLoczPwaApwGEALw_wcB&gclsrc=aw.ds

45) https://www.angelomusa.com/

46) https://museeyslparis.com/chroniques/enfance-et-jeunesse-dyves-saint-laurent

47) https://www.sothebysrealty-france.com/fr/histoire-sothebys-france/

48) https://www.karl.com/fr-fr

49) https://www.operagallery.com/

50) https://www.chateauversailles.fr/decouvrir/histoire/grands-personnages/gabriel

51) https://www.hotel-de-la-marine.paris/

52) https://www.rosewoodhotels.com/fr/hotel-de-crillon

53) https://www.france.fr/fr/article/decouvrez-palaces-france

54) https://www.beauxarts.com/grand-format/le-corbusier-en-2-minutes/

55) https://www.marmottan.fr/

56) Caroline Hauer, "Paris : La Maison de Balzac, musée dédié à l'écrivain et souvenirs du village de Passy - XVIème", 〈Paris la doucr(주간 뉴스 잡지)〉, 15/07/2016

57) https://www.maisondebalzac.paris.fr/

58) https://www.mam.paris.fr/

59) Marie Amelie Marchal, "Installé dans le quartier de Montparnasse depuis 1994, le musée Cartier à Paris va déménager", 〈Actu Paris〉

60) Philippe Dagen, "Pour Alberto Giacometti, un grand musée de 6 000 mètres carrés au centre de Paris", 〈Le Monde〉, 14/11/2022

61) https://www.zadkine.paris.fr/

62）Nolyne Cerda, "Marin Montagut, illustrateur et créateur, parle de soins, de son amour pour la fleur d'oranger et du cap des 30 ans", Horace, https://horace.com/fr/guides/bien-dans-sa-peau-marin

63）https://parisjetaime.com/culture/eglise-saint-sulpice-p1572, https://www.paroissesaint-sulpice.paris/credo/

64）https://www.musee-delacroix.fr/fr/

65）https://www.alainbrieux.com/

66）"Madeleine de Proust : Signification et origine", 〈20 minutes〉, 21/12/2022

67）https://www.gallimard.fr/

68）Bruno Texier, "82% des 18-35 ans préfèrent le livre papier au numérique", 〈Archimag〉, 02/07/2021

69）Claire Damon, 《Des gâreaux et des saisons》, Ducase edition, 2021, p.9~13

70）https://www.dorchestercollection.com/fr/paris/le-meurice?gad_source=1&gclid=Cj0KCQ-jw_qexBhCoARIsAFgBletG6H2R3TAkG0w5ItPTrHHddrvMsjruxGalxxKEij9LVntdXl6mAy-waAmdmEALw_wcB&gclsrc=aw.ds

71）https://cedric-grolet.com/

72）https://www.ritzparis.com/fr/hotel/paris/suite-coco-chanel

73）https://www.ritzparislecomptoir.com/fr/francois-perret

74）https://leburgundy.shop-and-go.fr/patisseries.html

75）André Tirleyt, "Un nouveau Chef pâtissier, Pierre-Jean Quinonero, pour le Grand-Hôtel du Cap-Ferrat", 〈Luxe Infinity〉, 20/03/2023

76）츠지제과전문학교 가와키타 스에카즈, 《프로 파티시에를 위한 프랑스 과자》, 비엔씨월드 출판부, 비엔씨월드, 2013, p.173 - p.181

77）https://www.oetkercollection.com/fr/hotels/le-bristol-paris/

78）Yves Azéroual, "Hôtel de légende : le Lutetia, une fenêtre ouverte sur l'Histoire", 〈Le Parisien〉, 30/07/2019

79）https://www.paris.fr/pages/fluctuat-nec-mergitur-l-histoire-de-la-devise-de-paris-15814

80）https://www.cafedelapaix.fr/fr/

81）https://www.prefectures-regions.gouv.fr/centre-val-de-loire/Region-et-institutions/Por-trait-de-la-region/Histoire/Region-des-rois-de-France

82) https://www.chateaudeblois.fr/

83) https://www.chambord.org/fr/

84) Philippe Vandel, "Pourquoi les lits des châteaux sont-ils si petits?", France Info, 16/11/2013

85) : https://agriculture.gouv.fr/crise-de-la-filiere-viti-vinicole-letat-sengage-avec-la-filiere-pour-mettre-en-place-des-mesures-de

86) La rédaction de larvf.com, avec AF, "Crise viticole : le ministre de l'Agriculture esquisse des aides supplémentaires", 〈La revue du vin de France〉, 30/11/2023

87) https://www.chenonceau.com/

88) Sandrine Cabut, "Diane de Poitiers, morte d'avoir voulu rester jeune", 〈Le Figaro〉, 23/12/2009

89) https://www.chateau-amboise.com/

90) Amélie de Bourbon Parme, "Histoire : Léonard de Vinci arrive en France, sur invitation du roi mécène François Ier", 〈Le Parisien〉, 07/10/2018

91) Marine Rondonnier, "Romorantin : Léonard de Vinci voulait construire une ville nouvelle quatre fois plus grande que Chambord", 〈France 3 Région〉, 21/03/2019

92) https://www.nevers.fr/

93) Françoise Chauvin, "Nevers, championne du grand feu", 〈Connaissance des Arts〉, 02/11/2009

94) https://www.bordeaux.fr/p63813/histoire-de-bordeaux

95) https://www.la-toque-cuivree.fr/canneles-de-bordeaux/

96) https://www.chateaudutaillan.com/

97) https://www.bordeaux.com/fr/Notre-Terroir/The-Medoc/Medoc

98) https://www.chateau-latour.com/fr

99) https://www.saint-emilion-tourisme.com/fr/

100) La rédaction de larvf.com, "Château Angélus retire sa candidature du classement de Saint-Emilion", 〈La Revue de vin de France〉

101) https://www.macarons-saint-emilion.fr/, https://www.fauchon.com/fr/mag/conseils/origine-macaron/

102) https://www.valandraud.fr/

103) https://www.vinsetmillesimes.com/fr/cheval-blanc/84427-cheval-blanc-1995.html

104） https://www.lescordeliers.com/fr/content/14-visites

105） https://www.tourisme-lot.com/saint-cirq-lapopie, https://www.saintcirqlapopie.fr/, https://www.les-plus-beaux-villages-de-france.org/fr/nos-villages/

106） https://www.vallee-dordogne.com/rocamadour

107） https://www.remparts-carcassonne.fr/

108） FD avec afp, "Le cassoulet de Castelnaudary veut défendre sa tradition et conquérir la gastronomie mondiale", 〈France3 Région〉, 30/03/2016

109） https://www.lourdes-france.com/, https://www.lourdes-infotourisme.com

110） Alexis Feertchak, "En 1936, la France découvre les congés payés, mais l'âge d'or des vacances est encore loin", 〈Le Figaro〉, Société, 15/07/2019

111） 편집팀, "Quelle est la différence entre mistral et tramontane?", 〈GEO〉, 15/06/2023

112） https://www.avignon-et-provence.com/culture/histoire-davignon

113） Philippe Josserand, "Jacques de Molay, le dernier templier", 〈L'Histoire〉, 09/20/23

114） https://festival-avignon.com/

115） https://la-magie-des-pains.fr/

116） https://islesurlasorguetourisme.com/

117） https://www.tourisme-plainecommune-paris.com/decouvrir/les-incontournables/marche-aux-puces-de-saint-ouen/l-histoire-du-marche

118） https://roussillon-en-provence.fr/

119） Maud Guglielmi, "La Croûte Céleste : le fournil villageois à Robion", 〈La Toque〉, Actualité, 26/12/2021

120） https://lourmarin.com/

121） https://www.luberon-apt.fr/village-du-luberon/plus-beaux-villages-de-france/menerbes, https://luberon.fr/communes/menerbes

122） https://www.moustiers.fr/fr

123） https://www.fonscolombe.com/fr/

124） https://guide.michelin.com/fr/fr

125） https://www.provence-pays-arles.com/un-peu-d-histoire.htm

126） https://www.beauxarts.com/grand-format/vincent-van-gogh-en-2-minutes/

127) https://www.saintesmaries.com/

128) Nicolas BARBAROUX, "Arles : le Château d'Estoublon, fief de la meilleure huile d'olive du monde", ⟨La Provence⟩, 28/06/2020

129) https://agriculture.gouv.fr/la-tomate-star-de-lete

130) https://www.provenceholidays.com/fr/decouvrez-la-provence/les-produits-locaux/olives, https://www.leprogres.fr/magazine-cuisine-et-vins/2022/10/18/olives-vertes-noires-au-sel-2-000-ans-d-histoire

131) https://www.maisonbalme.com/content/28-histoire-de-la-truffe, https://www.richerenches.fr/evenements-autour-truffe-richerenches

132) https://www.jours-de-marche.fr/specialites/pissaladiere.html

133) https://chateaufinesroches.com/fr/, https://www.vins-rhone.com/vignobles/histoire, https://www.chateauneuf.com/

134) https://www.chamonix.com/, https://www.chamonix.fr/votre-mairie/infos-cles/57-histoire-de-chamonix.html

135) https://www.evian.com/fr

136) https://golf-club.evianresort.com/fr?gad_source=1&gclid=CjwKCAjw57exBhAsEiwAaIxaZmdhYsOeZDEL3W2XPK_5K1HN0MAm_CsX12cBdM5CJLa8TgTJHeZdyBoCHgYQAvD_BwE&gclsrc=aw.ds

137) https://www.les-plus-beaux-villages-de-france.org/fr/nos-villages/yvoire/

138) https://www.vinatis.com/blog-histoire-vin-chaud

139) https://www.lac-annecy.com/

140) https://www.relaischateaux.com/fr/

141) https://www.perebise.com/

142) https://www.fromagesdesavoie.fr/producteurs/gaec-le-val-mont-blanc/

맛과 멋, 낭만의 프랑스

초판 1쇄 발행 2024년 6월 19일

지은이   자연
펴낸이   박영미
펴낸곳   포르체

책임편집   임혜원
마케팅   정은주
디자인   정나영

출판신고 2020년 7월 20일 제2020-000103호
전 화 02-6083-0128 | **팩 스** 02-6008-0126
이메일 porchetogo@gmail.com | **포스트** https://m.post.naver.com/porche_book
인스타그램 www.instagram.com/porche_book

ISBN 979-11-93584-47-7 (14980)
ISBN 979-11-91393-91-0 (세트)

여러분의 소중한 원고를 보내주세요.
porchetogo@gmail.com